ドライフードに**ちょい足し**で手軽に健康！

愛犬のための かんたん トッピングごはん

Topping Gohan

contents

Part 1 トッピングごはんとは？

Part 2 効果別トッピングごはん

Part 3

病気予防トッピングごはん

Part 4

わんちゃんのための健康管理

column

[注意事項]

＊ドライフードは全体の8割程度にしてください。
＊各レシピに掲載されている分量は、1日に必要な摂取カロリー分の分量です。ごはんは成犬の場合、2～3回に分けて与えてください。
＊野菜・果物の場合は、カロリーが少ないため、ドライフードは通常の9割で与えてください。
＊カロリー量は、避妊・去勢をしている、室内犬を基準にしています。年齢、飼育環境によってカロリーを変える必要があります。
＊各体重別の1日分のカロリー摂取量

3kg	6kg	10kg
約225kcal	約375kcal	約550kcal
フード180kcal トッピング45kcal	フード300kcal トッピング75kcal	フード440kcal トッピング110kcal

はじめに

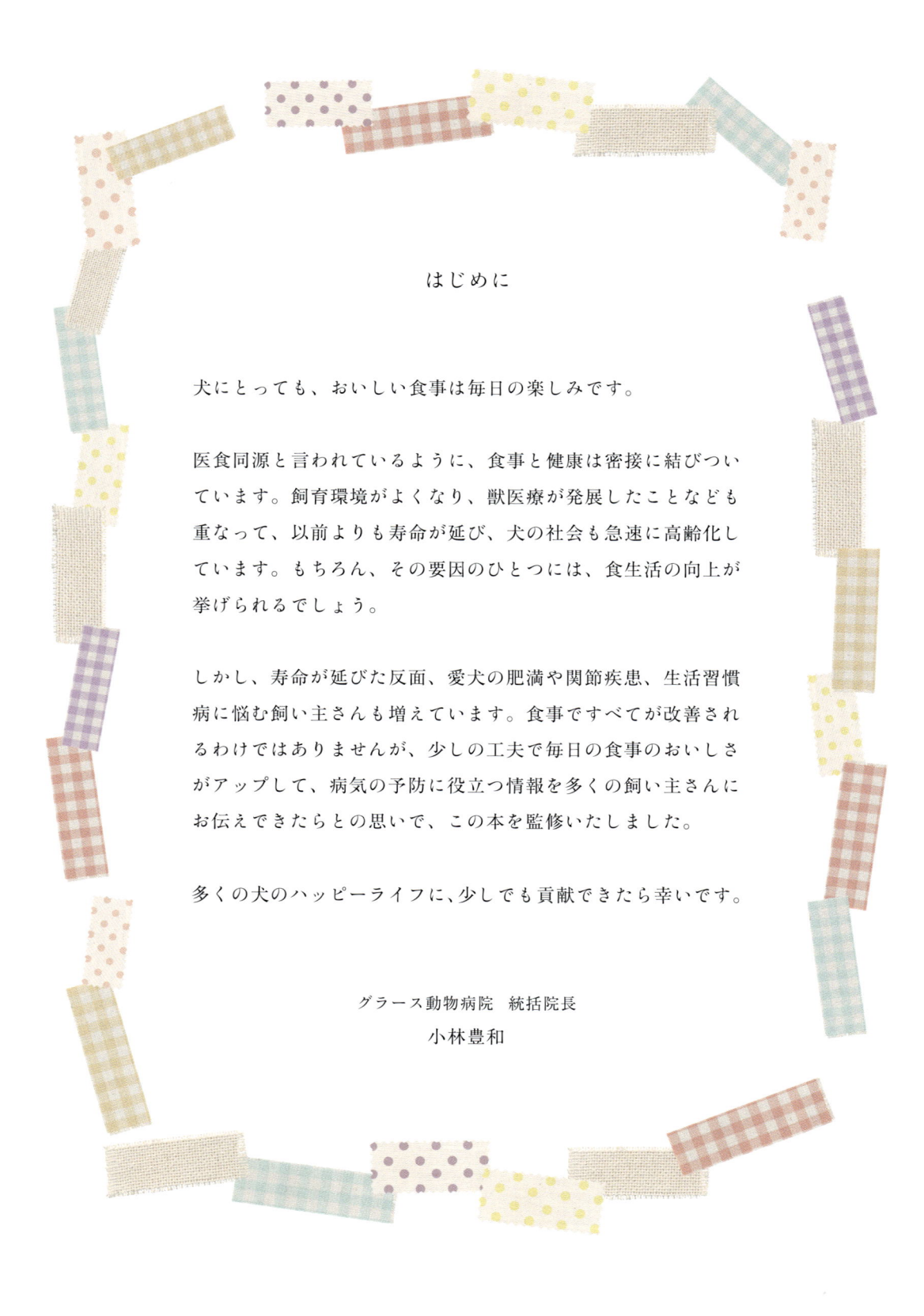

犬にとっても、おいしい食事は毎日の楽しみです。

医食同源と言われているように、食事と健康は密接に結びついています。飼育環境がよくなり、獣医療が発展したことなども重なって、以前よりも寿命が延び、犬の社会も急速に高齢化しています。もちろん、その要因のひとつには、食生活の向上が挙げられるでしょう。

しかし、寿命が延びた反面、愛犬の肥満や関節疾患、生活習慣病に悩む飼い主さんも増えています。食事ですべてが改善されるわけではありませんが、少しの工夫で毎日の食事のおいしさがアップして、病気の予防に役立つ情報を多くの飼い主さんにお伝えできたらとの思いで、この本を監修いたしました。

多くの犬のハッピーライフに、少しでも貢献できたら幸いです。

グラース動物病院　統括院長
小林豊和

Part 1

トッピングごはんとは？

いつものドッグフードに食材をトッピングするだけの
簡単ですぐにできるお手軽ごはん！
まずはトッピングごはんについて知りましょう。

basic idea #01

トッピングごはんってどんなもの？

手作り食とドッグフードのいいとこ取りのトッピング食！
お手軽だけど簡単で、すぐ試せる愛犬ごはんの魅力を知っておきましょう。

簡単で手間抜きだけど愛犬に合ったごはん作り

いつものドッグフードに、食材をプラスするのがトッピングごはんです。例えば、ドッグフードに鶏のささみを少しプラスするなど、飼い主さんなら試してみたこともあるはず。でも、人間とは違うわんちゃんたち。消化によくて健康維持に効果的な調理法や愛犬に合った食材チョイスを知ることで、さらなる魅力ある食事を与えることが可能です。安心だけど面倒な完全手作り食と、手軽だけど味気なく感じるドッグフード。トッピングごはんは、それぞれの利点のみを取り込んだ、すぐ試せるいいとこ取りのわんこごはんなのです。

手作り食とドッグフード

手作り食のみ	ドッグフードのみ
材料を把握 NG食材を確認し、素材そのものの栄養バランスの計算が必要。	**手軽** 総合栄養食のフードと水だけで、栄養学的には問題なし。
安心できる 飼い主さん自身が選んだ素材なので中身が見える安心感がある。	**不安感** 何が使われているか完全には把握できない。添加物が心配。
勉強が必要 栄養の偏りを防ぐため、レパートリーなどの工夫が必要。	**誰でもOK** 飼い主が病気で作れない、また犬を預けたときでも安心。
利便が悪い 旅行先に持って行ったり、長期の保存などがしづらい。	**保存が利く** 密閉等きちんと管理すれば、開封1カ月以内が賞味期限。

うちのコにこんな食事を与えたい

- □ 毎日同じドッグフードじゃ味気ないから、ちょっとプラスしてあげたい。
- □ 大切なうちのコに、いろんな食材を味わわせてあげたい。
- □ 普段はドッグフードオンリーでも、たまにはスペシャルな食事を与えたい。
- □ 食が細い、太りすぎ、アレルギーなどを簡単ごはんで無理なく改善したい。
- □ 忙しくて手作りする時間はないけれど、愛情ごはんを食べさせてあげたい。

トッピングごはんの基本の材料と分量

トッピングごはんのベースとなるのは、完全栄養食のドッグフードです。普段ドッグフードのみで与えている分量の約80%を目安に、ビタミンやミネラルたっぷりの野菜類、良質のタンパク質が豊富な肉・魚類をプラスしていきます。ただし、ドッグフード＋野菜＋肉・魚を含む1回の食事のトータルカロリーが、変わらないようにすることがポイント。カロリーのほとんどない野菜のみをプラスした場合と、ある程度カロリーの高い脂肪分の多い肉や魚を加えた場合とでは、ベースのドッグフードを多少増減させる臨機応変さが必要です。

トッピングごはんの効能

野菜

ビタミンやミネラルがたっぷりの野菜。でもわんちゃんは消化しづらいので工夫して取り入れて。

タンパク質

肉や魚などの良質のタンパク質はわんちゃんが大好き。嗜好性もアップし、丈夫な体作りに◎。

ドッグフード

ドッグフードのみを与える場合の約80%をベースフードとして使用。良質なフードを選びましょう。

うちのコに合った食材を選んでみて

トッピングごはんの効果

免疫力アップ！

免疫力を高めることは、丈夫で元気な体作りの基本です。愛犬に合った食材をトッピングすることで、免疫力をアップし健康維持に。

理想体重に！

肥満は万病のもと。いつものドッグフードを少し減らし、その分、低カロリーの食材を加えればおいしく食べて無理なく理想体重の維持が可能に。

愛犬にぴったりの健康ごはん！

健康で寿命を延ばす！

トッピング食材で嗜好性がアップし、食ムラを改善。また愛犬が必要とする栄養を効果的に補うことで、老化防止や丈夫な体作りに効果大。

basic idea #02

使ってはいけないNG食材

大切な家族の一員ではあっても、わんちゃんと人間の食は違います。与えてはいけない食材をしっかり把握しておきましょう。

人間は大丈夫だけど犬にはNG

NG!!
タマネギ
(長ネギ)

中毒症状から死に至るケースもあるNG食材

タマネギ、長ネギなどのネギ科の野菜に含まれる成分が、犬の赤血球を破壊し、溶血性貧血を引き起こします。場合によっては死に至ることも。エキスにも含まれるため、一緒に煮たり、炒めたりしたものも与えてはいけません。

NG!!
加熱した
鶏肉の骨

鋭く割れた骨の先端が胃腸の粘膜に刺さる危険あり

加熱した鶏の骨は豚や牛の骨と異なり、切り口が鋭利にとがります。食事を丸呑みしがちな犬の場合、胃腸の粘膜に刺さる危険性大。鶏の骨を与えたい場合は、生の骨をフードプロセッサーなどで細かくして与えましょう。

NG!!
チョコレート

カカオ中毒になってしまうことも

チョコレートに含まれるテオブロミンは犬にとって強い毒性があります。発作を起こし、場合によっては死に至ることも。口に入れた場合は吐き出させ、動物病院で点滴や、症状に応じて投薬を行います。

いろいろな説があるけれど危ないものは避けましょう

愛犬にはいろいろな食材を与えてみたいもの。ですが、わんちゃんと人間では食べて大丈夫なもの、いけないものが違います。なかには、与えてはいけないと言われているけれど、何ともなかったなどの話もありますが、「与えないほうがいい」とされるものをわざわざ与える危険を冒す必要もありません。人間に危険なものはもちろんですが、人間が食べて大丈夫でも、わんちゃんの場合、中毒症状を引き起こしかねないもの、噛まずに丸呑みする習性から避けたほうがいいもの、刺激が強すぎるものなどがあります。トッピング食材として、いろいろな種類の食材を与えてあげることは大切ですが、NG食材が含まれた人間用の食事の一部を誤って与えないよう、くれぐれも気を付けましょう。

またこれらのNG食材は、トッピング食材として避けたほうがいいだけでなく、うっかり盗み食いされたりしないよう、注意しましょう。

NG!! 魚の骨や頭

新鮮なものを選び 魚の頭や骨は調理工夫を

魚は鮮度が落ちるとヒスタミン中毒を起こすこともあるので、新鮮なものを与えることが大切。基本は加熱してから与えます。魚の頭や大ぶりな骨は、犬の上アゴに引っかかることがあるため、与えたいときはフードプロセッサーで粉砕して使いましょう。

NG!! イカ・タコ エビ・カニ

消化が悪く、おう吐を 引き起こす場合も

イカ・タコ・エビ・カニなどは消化が悪く、未消化のままおなかに残ってしまうことがあります。あえて与える必要のない食材なので、避けたほうがいいでしょう。

NG!! 牛乳

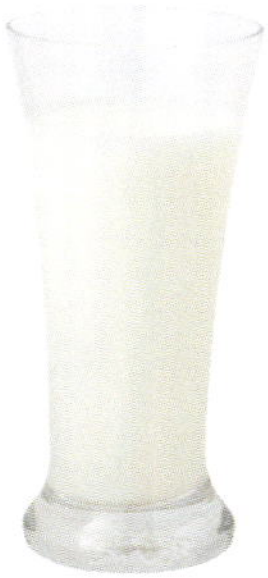

なかにはおなかを 壊す場合もあり

子犬のときから与えていないと、下痢を引き起こす場合があります。個体差があり、平気なわんちゃんもいます。冷蔵庫から出してすぐ、冷たいまま与えると下痢することも。避けたほうが無難です。

人間に危険なものは もちろんNG！

じゃがいもの芽や生の豚肉など、人間にとって毒性や感染症などが心配な食材は、もちろん犬にもNG。じゃがいもなら芽は取る、豚肉ならしっかり加熱で問題がなくなる点も同じです。

NG!! 干しぶどう

数年前から話題の わんこNG食材

数年前アメリカで、ぶどうの大量摂取で急性腎不全が発症し、死に至ったとの報告がされたため、にわかにNG食材の仲間入りに。少量ならば問題ないとの意見もありますが、避けたほうが無難。

〈 人間の嗜好品もNG 〉

NG!! 香辛料

誤って食べると胃腸を刺激して下痢などを起こす場合があります。

NG!! アルコール

個体差はありますが、アルコール中毒になることがあるので注意。

NG!! カフェイン

カフェイン中毒で興奮症状を起こす場合もあるので、注意が必要。

basic idea #03

おすすめ食材ガイド

食材の持つ栄養はそれぞれです。できるだけいろいろな食材を摂るのが理想的。
愛犬に合ったものをチョイスし、そのパワーを取り入れてあげましょう。

リジン　アスパラギン酸

絹さや

POINT　新陳代謝強化作用のリジンや、アスパラギン酸を多く含む。

ADVICE　ゆでて細かく。油で炒めると、カロテンの吸収率がUP。

ペクチン　ジアスターゼ

オクラ

POINT　腸の働きを整えるペクチンや消化力UPのジアスターゼが豊富。

ADVICE　消化をよくするために、ゆでて細かく刻んで与えましょう。

おすすめ食材①

緑黄色野菜

体の免疫力を高めるビタミンCをはじめ、ガン予防の働きのあるカロテンやビタミン、ミネラルがいっぱい。

リコピン　カリウム　ルチン

トマト

POINT　カロテンの仲間で抗酸化作用のあるリコピンが豊富。

ADVICE　生のまま細かくみじん切りか、油で炒めると吸収率アップ。

ジアスターゼ　オキシターゼ

貝割れ大根

POINT　消化を助ける働きや、ガン予防によいとされる成分などが豊富。

ADVICE　生、または軽く湯がいて、細かく刻んで与えましょう。

カロテン　アスパラギン酸　ビタミンB1

アスパラガス

POINT　新陳代謝を促すアスパラギン酸や抗酸化作用のカロテンが豊富。

ADVICE　消化をよくするために、ゆでて細かく刻んで与えましょう。

カロテン　ビタミンA

ニンジン

POINT　免疫力を活性化するカロテン、粘膜保護のビタミンAが豊富。

ADVICE　ゆでて細かくし油で炒めるか、生のまますりおろしましょう。

カロテン　ビタミンE　ビタミンA

カボチャ

POINT　抗酸化作用のカロテンや免疫力を高めるビタミンAがいっぱい。

ADVICE　ゆでる、蒸すなど加熱し、細かくつぶしてから与えましょう。

ビタミンB2　カリウム　ビタミンA

枝豆

POINT　皮ふにいいビタミンB2と、塩分の排出を促すカリウムが多い。

ADVICE　ゆでてから、スプーンで軽くつぶして与えましょう。

おすすめ食材②

淡色野菜

ビタミンやミネラルが豊富で疲労回復にもおすすめ。緑黄色野菜とバランスよく与えるようにしましょう。

ビタミンB2　カリウム　ビタミンC

グリンピース

POINT　血圧を下げ、腎臓によいカリウムが多い。ビタミンB群も豊富。

ADVICE　ゆでてから、スプーンで軽くつぶして与えましょう。

カロテン　ビタミンE

パプリカ

POINT　ガン予防にいいカロテンや皮ふや粘膜の健康維持成分が多い。

ADVICE　消化をよくするために、ゆでて細かく刻んで与えましょう。

食物繊維　ビタミンC

セロリ

POINT　腸内環境改善に役立つ食物繊維やビタミン類を多く含む。

ADVICE　ゆでて細かくします。葉はくさみがあるので除きましょう。

ジアスターゼ　ビタミンC

カブ

POINT　整腸作用のあるジアスターゼや葉にはビタミンCがいっぱい。

ADVICE　消化をよくするために、ゆでて細かく刻んで与えましょう。

ビタミンC　ビタミンP

ピーマン

POINT　豊富なビタミンCと、その吸収を助けるビタミンPを多く含む。

ADVICE　消化をよくするために、ゆでて細かく刻んで与えましょう。

ジアスターゼ　ビタミンC

ダイコン

POINT　天然の消化剤といわれる消化を促すジアスターゼを多く含む。

ADVICE　ゆでて細かくするか、生のまますりおろして与えましょう。

ビタミンU　ビタミンC

キャベツ

POINT　胃腸の粘膜をサポートするビタミンU（キャベジン）が豊富。

ADVICE　消化をよくするために、ゆでて細かく刻んで与えましょう。

ビタミンC　葉酸

ブロッコリー

POINT　ビタミンCはレモンの2倍含まれ、血圧抑制効果の葉酸も多い。

ADVICE　消化をよくするために、ゆでて細かく刻んで与えましょう。

食物繊維　セレン　亜鉛

ゴボウ

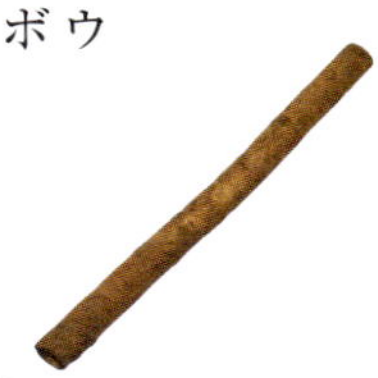

POINT　腸内環境を改善する食物繊維や抗酸化作用のセレンが多い。

ADVICE　消化をよくするために、ゆでて細かく刻んで与えましょう。

ミネラル

キュウリ

POINT　成分の90%が水分だが、各種ミネラルをたっぷり含んでいます。

ADVICE　ゆでて細かくするか、生のまますりおろして与えましょう。

ビタミンC　アントシアニン

ベビーリーフ

POINT　根元の赤味は視力回復効果のあるアントシアニンを多く含む。

ADVICE　生のまま、もしくは軽くゆで、細かく刻んで与えましょう。

おすすめ食材⑤

タンパク質

筋肉や臓器など、体の大切な部分を作る主成分として、丈夫な体作りに欠かせない重要な栄養素です。

メオニチン　ナイアシン

鶏肉（ささみ、もも）

POINT　高タンパク低脂肪のヘルシーミート。ももは皮ふの潤い効果あり。

ADVICE　加熱し、危険な骨は必ず取り除いてから与えましょう。

ビタミンA　鉄分　葉酸

鶏レバー

POINT　粘膜を保護し抗酸化作用もあるビタミンA、鉄分が豊富な食材。

ADVICE　人間も食べられるくらい新鮮なら生もOKですが、基本加熱して。

ナイアシン　カルシウム

鶏軟骨

POINT　代謝を促進するナイアシンや、カルシウムを多く含んでいます。

ADVICE　生のままフードプロセッサーなどで細かくし、加熱して与えて。

おすすめ食材④

イモ類

ビタミンCを多く含み、食物繊維もたっぷり。抗酸化作用を高め、老化防止にもおすすめの食材です。

食物繊維　ビタミンC　ビタミンE

サツマイモ

POINT　免疫力を高めるビタミンCや、抗酸化作用のビタミンンが豊富。

ADVICE　ゆでる、蒸すなど、必ず加熱してから与えましょう。

ジアスターゼ　ムチン　コリン

山いも

POINT　消化を促すアミラーゼや、胃の粘膜を保護するムチンが豊富。

ADVICE　ゆでて細かくするか、生のまますりおろして与えましょう。

グルコマンナン　ムチン　コリン

しらたき

POINT　満腹感はあるのに体内に吸収されないため、カサ増しに便利。

ADVICE　消化をよくするために、ゆでて細かく刻んで与えて。

おすすめ食材③

きのこ類

腸内環境を整える食物繊維をはじめ、ビタミン、ミネラルが豊富。低カロリーなのでカサ増しにも便利。

食物繊維　ビタミンB群　カリウム

しめじ まいたけ えのき

POINT　皮ふや粘膜を保護するビタミンB群、カリウム、鉄分も多い。

ADVICE　ゆでて細かくするか、フードプロセッサーで粉砕して与えて。

食物繊維　ビタミンB群　ビタミンE

きくらげ

POINT　腸内環境を整える食物繊維や抗酸化作用のビタミンEが多い。

ADVICE　水で戻して細かく刻んで、加熱してから与えましょう。

いろんな食材があるんだね

DHA EPA タウリン 鉄分

青魚（サバ）

POINT 老化予防の働きのある必須脂肪酸や、タウリン、鉄分が多い。

ADVICE 鉄分やタウリンの多い血合いも一緒に加熱し、ほぐして与えて。

ビタミンB1 カルニチン 鉄分

ラム（ラムチョップ）

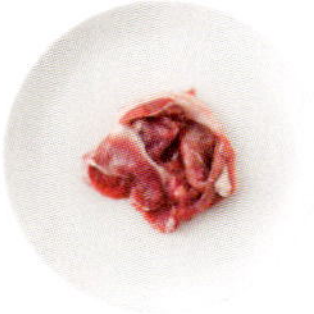

POINT 疲労解消のビタミンB1や、脂肪燃焼作用のカルニチンを含む。

ADVICE 加熱してひと口大に切ります。骨付きのまま与えてもOK。

ビタミンB1 ビタミンB2 ビタミンE

豚肉（豚ロース、豚ヒレ、豚ひき肉）

POINT 糖質の代謝を助け、疲労解消の働きがあるビタミンB1が豊富。

ADVICE 十分に加熱して、ひと口大に切ってから与えましょう。

DHA カリウム

カジキマグロ

POINT 高タンパク低脂肪で、血圧を調整するカリウムが豊富な食材。

ADVICE 加熱して、食べやすいようひと口大にほぐして与えましょう。

カルシウム 鉄分 必須脂肪酸

馬肉

POINT カルシウムや鉄分が多く、健康に欠かせない必須脂肪酸も豊富。

ADVICE 人間も食べられるくらい新鮮なら生もOKですが、基本加熱して。

ビタミンA 鉄分 葉酸

豚レバー

POINT 粘膜を保護し抗酸化作用もあるビタミンA、鉄分が豊富な食材。

ADVICE 十分に加熱してから与えるようにしましょう。

タウリン ビタミンB12

シジミ・アサリ

POINT 肝臓の機能をサポートする働きがあるタウリンがたっぷり。

ADVICE 加熱し、殻から身を取り出して与えます。煮汁も活用すると◎。

ビタミンA DHA EPA

うなぎ（白焼き）

POINT 体の抵抗力を高めるビタミンAや良質な脂肪酸がたっぷり。

ADVICE 白焼きはすでに蒸されているため、細かく刻んで与えましょう。

ビタミンB12 鉄分 ナイアシン

牛肉（牛ヒレ）

POINT 低脂肪で、細胞を新しく作るのに必要なビタミンB12が多い。

ADVICE 加熱して、食べやすいようひと口大に切ってから与えましょう。

食物繊維 大豆イソフラボン

おから

POINT 肉や魚に負けない優れたタンパク質が多く、食物繊維も豊富。

ADVICE 煮込んだり、炒めるなどの加熱をしましょう。

DHA EPA タウリン

白身魚（タラ、サケ）

POINT オメガ3必須脂肪酸やコレステロール抑制のタウリンが多い。

ADVICE 加熱して、食べやすいようひと口大にほぐして与えましょう。

ビタミンB群 ビタミンE

牛すじ

POINT 細胞と細胞をつなぎ、皮ふの構造を強化する成分も多く含有。

ADVICE 噛み応えがありますが、消化を考え加熱後、ひと口大にします。

おすすめ食材⑦

海藻

ミネラル豊富で、風味付けとしても利用できます。乾燥しているものは、叩いて細かくしてふりかけにも。

食物繊維　ビタミンB群　ビタミンE

リンゴ

POINT　腸内の善玉菌を活性化する働きの食物繊維ペクチンが豊富。

ADVICE　生のまま細かく刻むか、すりおろして与えましょう。

大豆イソフラボン　カルシウム

豆腐

POINT　畑の牛肉と言われ、タンパク質やカルシウムを多く含む食材。

ADVICE　体を冷やす作用があるので、温めてから、崩して与えましょう。

食物繊維　カルシウム　ビタミンA

のり

POINT　約1/3は食物繊維。ミネラルバランスを調整する働きもあり。

ADVICE　細かくちぎるか、粉砕し、ふりかけとして利用するのも◎。

ビタミンB1　ナイアシン　カリウム　食物繊維

バナナ

POINT　活動エネルギー源として、さまざまな優れた栄養素を含む。

ADVICE　生のまま、食べやすいようにひと口大に切って与えましょう。

ナットウキナーゼ　大豆イソフラボン

納豆（ひき割り）

POINT　疲労解消、整腸作用、便通促進、免疫力アップなどの働きがある。

ADVICE　大豆の表皮は消化しづらいので、ひき割り納豆がおすすめです。

おすすめ食材⑧

調味料・その他

良質なオイルをはじめ、胃腸の粘膜保護によい乳製品やカルシウム豊富な乾燥小魚など利用率は高めです。

ビタミンC　食物繊維

ミカン

POINT　ガン予防によい成分や、老化防止のビタミンC、食物繊維も。

ADVICE　袋やすじは食物繊維豊富ですが消化しづらいので除きます。

脂質　カルシウム　リン

卵

POINT　成長に必要なさまざまな栄養をすべて持ち合わせている食材。

ADVICE　ゆでるなどしてから、細かく刻んで与えましょう。

不飽和脂肪酸　ビタミンE

オリーブオイル

POINT　抗酸化作用に優れたオレイン酸がたっぷり。

ADVICE　そのままでも、食材を炒めるときに加え加熱して与えてもOK。

ビタミンC　カリウム

スイカ

POINT　水分が90％を占め、利尿作用があるカリウムが豊富。

ADVICE　生のまま、食べやすいようひと口大に切って与えましょう。

おすすめ食材⑥

くだもの

ビタミンCたっぷりで、わんちゃんも大好きな食材です。旬のものを楽しく取り入れながら与えましょう。

カルシウム

カッテージチーズ

POINT 牛乳の脂肪分を除いているので、低脂肪でカルシウムはたっぷり。

ADVICE そのままトッピングの仕上げにプラスして与えましょう。

ビタミンA ビタミンE ビタミンD

無塩バター

POINT 良質な脂質が多く、嗜好性もアップ。ビタミン補給にもおすすめ。

ADVICE 必ず無塩のものを。肉や魚、野菜を炒めるときに油分として使用。

食物繊維 セサミン ビタミンE

ごま（すりごま・ごま油）

POINT 老化防止のセサミンや、抗酸化作用のあるビタミンEが豊富。

ADVICE ごまの皮は消化しづらいので、すりごまやごま油を活用します。

ビタミンE 不飽和脂肪酸 食物繊維

アーモンド

POINT 老化予防のビタミンEや腸内環境によい脂肪酸、食物繊維豊富。

ADVICE そのままでは消化しづらいので、細かく砕いてから与えましょう。

カルシウム ビタミンD

煮干し

POINT 骨を作るカルシウム、その吸収率を高めるビタミンDが豊富。

ADVICE 細かく砕いてふりかけに。だしとして風味付けに利用しても。

乳酸菌 カルシウム

ヨーグルト

POINT 腸内環境を整える乳酸菌や骨や歯を作るカルシウムを多く含む。

ADVICE そのままトッピングの仕上げにプラスして与えましょう。

おすすめ食材⑨

缶詰・その他

新鮮素材を密閉した缶詰や、乾燥加工された食品は、とっても便利。トッピング食材として大いに活用してみて。

そば【乾】

乾麺は、使用したいときだけゆでればOKなので、常備したい食材。折ってゆでましょう。

クリームコーン【缶】

粒コーンではなく、クリーム状を選ぶのがポイント。濃厚な味わいに愛犬も大喜び。

春雨【乾】

手軽に炭水化物を足したいときに便利。ゆでて戻すか軽く洗って、スープに入れてもOK。

ミックスビーンズ【缶】

すでに柔らかく、缶から取り出しスプーンで軽くつぶすだけでOKのお役立ち食材。

うずらの卵【缶】

動物性タンパク質をプラスしたいときに。サイズもわんこ仕様なので便利です。

ホールトマト【缶】

素材を活かしながら、すでに柔らかく加工されているので、そのまま使えて便利。

ああ、あれもこれも食べたい

ベリーミックス【凍】

何種類かのベリーを一度に与えられる優れもの。冷凍保存で日持ちがいいのも魅力です。

ホタテ貝柱【缶】

すぐに細かくなる貝柱は使いやすく、エキスを十分に含んだ汁も丸ごと利用できて◎。

basic idea #04

お手軽！ 加工食材&サプリメント

トッピングごはんだけでなく、すでに加工されている
食材もお手軽フード。便利なスープやサプリメントを紹介します。

スープ

水分も取れて栄養も
ばっちりの加工食材！

野菜とキノコのたまごスープ

白菜、キャベツ、カボチャ、椎茸、えのきなどの野菜をたっぷり使ったスープ。いつものドライフードにかけるなど、手軽に栄養サポートできます。

価格：315円／容量：100g
[問] プレミアムドッグフード専門店「POCHI」／ TEL：0120-68-4158 ／ HP：http://www.pochi.co.jp

ドットわんスープ ミニ5包

国産牛の大腿骨だけを集めてじっくり煮だした天然スープ。栄養のバランスがよく、栄養補助や食欲がないときにぴったり。無添加のスープだから安心です。

価格：577円／容量：50g（1包10g×5包入）
[問] 株式会社ピュアボックス／ TEL：086-274-7071 ／ HP：http://www.dotwan.jp/

5種の野菜と鶏肉のスープ

ジャガイモ、ニンジン、キャベツ、カブ、アスパラガスの5種類の野菜と鶏肉をがらスープで煮込んだ具だくさんスープ。おなかも満足！

価格：315円／容量：100g
[問] プレミアムドッグフード専門店「POCHI」／ TEL：0120-68-4158 ／ HP：http://www.pochi.co.jp

色の野菜スープシリーズ

鶏肉と野菜を煮込んだ野菜スープ。赤・黄・緑・白の4色の野菜がたっぷり煮込まれています。食べきりサイズなのもうれしい。

価格：オープン価格／容量：各20g
[問]イースター株式会社／ TEL：0800-080-1122（PHS・携帯電話等0791-63-1774）／ HP：http://www.yeaster.co.jp/

あずきパワー

粉末にしたあずきの粉食フード。そのままふりかけたり、水で溶かして与えてもOKです。超微粉末なので、わんちゃんでも消化しやすい粉末です。

価格：1580円／容量：140g
[問]帝塚山ハウンドカム／ TEL：06-6673-2112 ／ HP：http://www.houndcom.com

ふりかけなど

ドッグフードに
ふりかけるだけ！

まぐろdeカルシウム

DHAやEPAを多く含んだまぐろの頭部を原料に使用。手作り食にそのままふりかければ、簡単にカルシウムを摂取することができます。

価格：1050円／容量：100g
[問] 有限会社　さかい企画／TEL：050-3450-9376／HP：http://shop.sakaikikaku.com/

『乾したダケ』シリーズ
煎餅・ふりかけ

牛肉・豚肉に比べて低カロリー高タンパクの鹿肉、肝臓機能を強化する働きがある氷下魚、ヒアルロン酸たっぷりの鶏冠を使った『乾したダケシリーズ』の煎餅とふりかけ。煎餅は手でちぎっていつものごはんにかけたり、そのままおやつとして与えてもOK。手軽に栄養が補えます。

価格：煎餅（鹿750円、鶏冠760円、氷下魚600円）・ふりかけ価格未定／容量：煎餅（鹿50g、鶏冠50g、氷下魚50g）・ふりかけ容量未定
[問] イー・アグリ株式会社／TEL：03-6206-2872／HP：http://e-agri.co.jp

『乾したダケ』シリーズ
ミックスふりかけ

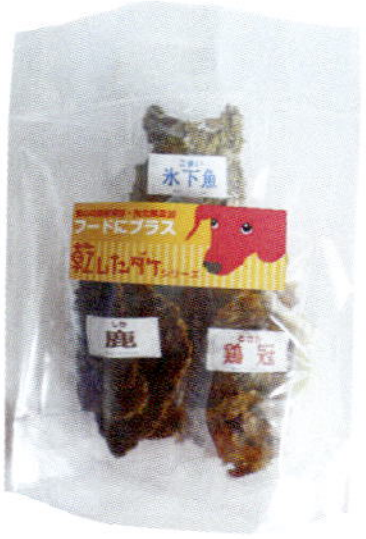

『乾したダケ』シリーズ
煎餅

鹿

鶏冠

氷下魚

サプリメント

わんちゃんの
栄養をサポート！

グルコサミン プラス　　セサミンE

Pet Health　ARA + DHA

愛犬の健康をサポートするサプリメント。10歳を超えたシニア犬には、脳の健康維持をサポートする「アラキドン酸（ARA）」と「DHA」がおすすめです。同シリーズで、元気と若々しさ、輝く毛並みをサポートする「セサミンE」、関節の健康維持に役立つ「グルコサミン　プラス」もあります。また、「ARA+DHA」「セサミンE」は動物病院向けの商品もあります。

価格：3570円／容量：60粒
[問] サントリーウエルネス／TEL：0120-103-001（9時～20時、年末年始を除く）／HP：http://suntory.jp/PET/

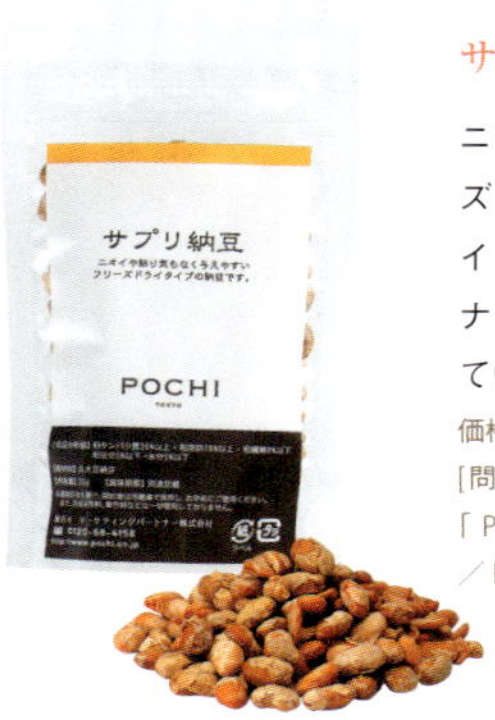

サプリ納豆

ニオイや粘り気のないフリーズドライタイプの納豆。大豆イソフラボンやナットウキナーゼといった酵素が含まれています。おやつとしても◎。

価格：315円／容量：30g
[問] プレミアムドッグフード専門店「POCHI」／TEL：0120-68-4158／HP：http://www.pochi.co.jp

サプリメントも
健康にいいんだよ〜

basic idea #05

ドッグフードの選び方

トッピングごはんのベースとなるドライフード。
完全栄養食だけど、どんなものを選べばいいのかチェックしましょう。

ドッグフードの種類

タイプ別

プレミアム
アンチエイジング用などに代表される、健康維持や体質改善に比重を置いた高級フード。専門店などで販売。

市販
総合栄養食として他に水だけ与えていれば栄養は足りるとされるノーマルフード。一般的に入手しやすい。

オリジナル
ショップや獣医師などの独自の考え方から作り出されたフード。こだわりはさまざま。通販等で入手可能。

ライフステージ別

パピー
小型犬では生後1年、大型犬では生後1年半くらいまでの必要摂取栄養素が多い時期の子犬向けのフード。

アダルト
約1歳から7歳までの成犬用フード。活動量の多いおとなの体を維持するための栄養素を配合している。

シニア
一般的に言われる7歳からの高齢期用フード。最近では、11歳、13歳用など、ハイシニア対象も多く販売。

ベースとなるフードは良質で愛犬に合うものを！

トッピングごはんのベースとなるのは、ドッグフードです。現在ではいろいろな種類のドッグフードが販売されていますが、メーカーによってもさまざま。愛犬に何が一番いいかは、一概には言えませんが、良質な原材料から作られ、できるだけ添加物の少ない製品を選ぶようにしましょう。

ドッグフードは、「ペット安全法（愛がん動物用飼料の安全性の確保に関する法律）」に基づき、原則として、添加物を含め、使用した原材料をすべて表示する義務があります。選ぶときは原材料をよくチェックして購入するといいでしょう。

また、ドッグフードはわんちゃんの年齢や体質に合ったものを選んであげてください。ドライフードであっても、品質の劣化を防ぐために、開封後は密閉容器に移し替えて保存するようにします。一週間分など、小袋に分けてしっかり密閉し、保管して使用するのもおすすめです。

ドッグフード選びのポイント

原材料をチェック

原則として、添加物を含め、使用したすべての原材料が表示されています。使用量の多い順に記載され、中心となるタンパク源が最初に書かれていることが多いので、愛犬に合ったものを選びましょう。

原産国をチェック

いくつかの国に製造工程がまたがる場合、表示される原産国名は、最終加工が行われた国名を表示するので、詳細は不明。気になるようであれば、メーカーのお客様相談室などで確認してみましょう。

賞味期限をチェック

賞味期限とは、未開封のまま明記された保存状態に置かれたとき、製品の栄養や食味を保証できる期間のこと。開封後は品質が劣化しやすいので、開封後1カ月を目安に使い切るよう心がけましょう。

ベースだからこそ
しっかりしたものを！

保管の注意点

昔に比べ、最近のフードは健康面から保存料未使用、または必要最低限ということも。ただし、保存料が少ないということは、品質が劣化しやすいということ。開封後は密閉するなど、保管は万全に。

獣医師が考えた
オリジナルドッグフード

獣医師のカウンセリングによるものや
旬の素材を用いたオリジナルフード

大きく2タイプがあり、ひとつは大人気の旬の素材を使って作り上げられたドッグフード。旬の素材は毎月替わるので、いろんな食材をバランスよく取り入れられるのが魅力です。もうひとつは、獣医師のカウンセリングのうえ、そのわんちゃんの体調や体質に合ったうちのコ仕様のオリジナルドッグフード。チェックしてみて。

それぞれのわんちゃんの体質、体調に合ったドッグフードを実現。
「Masterpiece（マスターピース）」
800g・約3000円～
［問］http://www.grace-masterpiece.com/ct-toppingfood/

basic idea #06

基本の調理法と器具

わんちゃん用にトッピングする食材は、消化をよくするため
煮たり細かくしたりと工夫が必要。まずは基本を知りましょう。

基本①

ドッグフードのみの場合の 80%の量を用意

ベースとなるドッグフードを用意します。ふだん、ドッグフードのみで与えている量の、約80%がトッピングごはんの基本です。愛犬の体質に合う、良質なものを選ぶようにしましょう。

基本②

野菜と肉・魚を用意（缶詰でもOK！）

ビタミンやミネラルが豊富な野菜類は、新鮮なものを用意しましょう。わんちゃんが大好きな肉や魚は、健康維持に大切なタンパク源。火を通すことで香りもよく、嗜好性もアップします。

基本③

野菜はゆでて 細かく刻む

わんちゃんは人間と異なり、繊維質の多い野菜の消化が苦手です。胃腸に余分な負担をかけないためにも、野菜はゆでて細かく刻んで使いましょう。すりおろすのもOKです。

基本④

肉や魚は火を通して ひと口大に切る

肉や魚は火を通して使います。新鮮なもので豚肉以外ならば、半生で使っても構いませんが、衛生面を考えるとしっかり加熱した方が安心です。骨は除くかフードプロセッサーで粉砕を。

基本⑤

フードにかけてでき上がり！

いつもの約80%のドッグフードに、調理した野菜や肉、魚を加えます。トッピング食材だけ食べてしまわないように、与えるときはしっかり混ぜます。できるだけ、毎日違う食材を与えましょう。

でき上がり♥

煮汁を使う場合は……

ゆでた煮汁を一緒にかける場合は、ドッグフードが完全に浸らない程度の煮汁を加えるのがコツ。水分の補給はもちろん、消化もアップします。

あったら便利のお役立ち器具

フードプロセッサー

消化しづらい食材を粉砕してくれる便利アイテム。ふりかけなどを作るのにも活躍します。

クラッシャー

ワンプッシュでナッツ類を砕いたりなど、少量の硬いものを細かくするのに役立ちます。

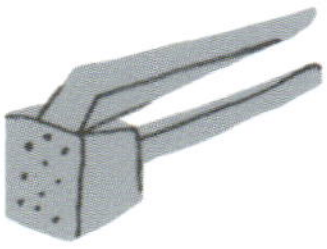

すりこぎ

殻が硬く、犬には消化しづらいごまなどをするときに使用。豆類を軽くつぶすときにも◎。

圧力鍋

骨まで与えたい、煮るなどの調理時間を短縮したいときに使用。骨も柔らかくなります。

ミニタッパー

1、2食分など、少量の調理をしたトッピング食材を冷蔵庫で保存するときに便利です。

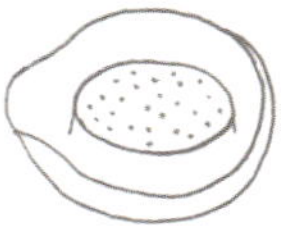

おろし器

ダイコンやニンジンなど生で与えたい野菜を、消化をよくするためにすりおろすときに使用。

basic idea #07

食材ジャンル別調理法

丸呑みなど食べ方や消化機能が人間とは異なるわんこたち。
だからこそ、それぞれの食材の栄養素を効果的に摂れる調理法があります。

〈 基本調理法 〉

1 細かくみじん切り

多くの野菜は繊維質が多く、犬にはゆでて細かく刻んで与えるのが基本です。人間よりも野菜の消化機能が低いわんちゃんでも消化がスムーズに。生でみじん切りでもOK。愛犬の胃腸に負担にならないよう、このひと手間の調理を忘れずに。

2 すりおろす

ニンジン、リンゴ、ダイコンなど、野菜を生で与えたいならば、すりおろしましょう。スティック状の野菜などで噛み応えを楽しむわんちゃんもいますが、すりおろすことで消化機能に負担をかけません。

野菜

犬にとって野菜類は、そのままでは消化吸収がしづらい食材です。ゆでる、細かくするなどの工夫を。

野菜類は消化しやすくしてね！

野菜は火を通す？ 通さない？

野菜に火を通すのは、食材の栄養素を消化吸収しやすくするためです。そのままフードプロセッサーでピューレ状にし、トロトロになるまで煮込んでいく方法もあります。

きのこ類は細かくする

繊維質豊富なきのこ類は消化しづらい食材。基本はフードプロセッサーで粉砕するか、加熱後、細かく細かく切って与えて。

イモ類は加熱して使おう

ジャガイモ、サツマイモ、山いもなどのイモ類は、栄養素たっぷり。炭水化物なので、加熱して与えるようにしましょう。

ナッツ類、ごまは五分ずりに

硬い繊維の殻で覆われているナッツ類やごまは、そのままだと与えても吸収されにくいです。五分ずりにしましょう。

油で炒めるのもおすすめ！

野菜と油は相性抜群。油で加熱することで栄養吸収がしやすくなり、嗜好性もアップ。良質な食物油は、油自体に栄養素が含まれているのでおすすめ。

〈 トッピング野菜レシピ 〉

材料

※野菜はとっても低カロリー。わんちゃんの食欲や満足度によって、フードの量を増やすなどの調節を 。

	3kg	6kg	10kg
ダイコン	5g	8g	13g
ニンジン	5g	8g	13g
パプリカ	5g	8g	13g
キャベツ	5g	8g	13g

作り方

1 それぞれの野菜を柔らかくなるまで水で煮る。
2 煮た野菜を細かくみじん切りにする。
3 すべてドッグフードにのせる。余ったら冷凍保存する。

〈 基本調理法 〉

1 ひと口大に切る

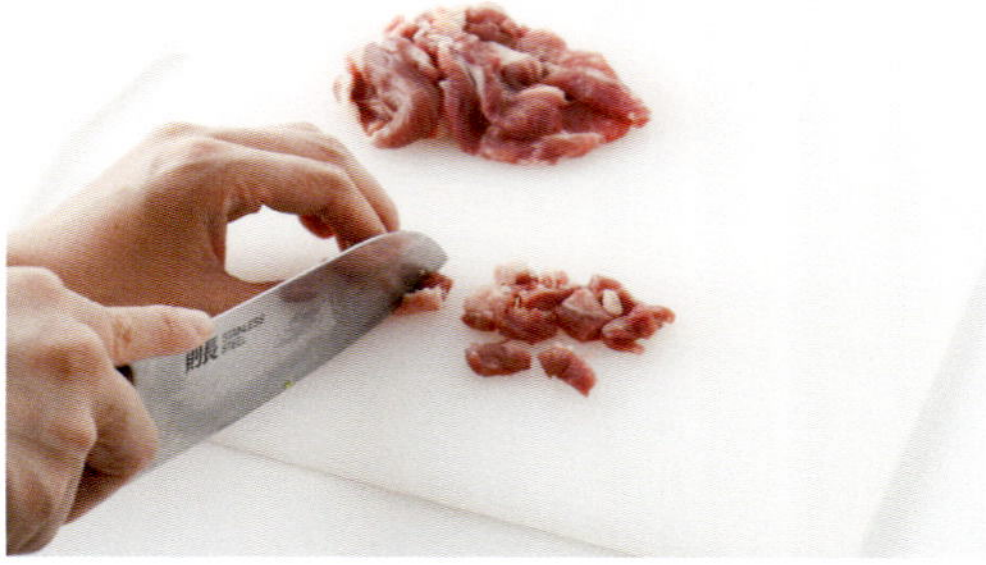

2 しっかり加熱する

もともと肉食系の犬にとって、肉や魚などのタンパク質は野菜と違い消化しやすい食材。でも食べやすい大きさに切ってあげましょう。また人間が生で食べても大丈夫な新鮮なものは別ですが、衛生面を考えて加熱してから与えましょう。

肉類

肉や魚などは嗜好性も高く、わんちゃんが丸呑みしがち。口のサイズに合わせて切り、加熱しましょう。

鶏肉の骨を取り除く

加熱した鶏肉の骨は、割れた先端が内臓を傷つける危険性があります。必ず取り除いてから与えるように注意しましょう。

豚肉はしっかり加熱

鶏肉や牛肉など、新鮮なものであれば半生で。でも基本は火を通して与えます。豚肉だけはしっかり火を通して与えるようにしましょう。

内臓も与えてみよう

ビタミンやミネラルが豊富な内臓部分は、トッピング食材としてもおすすめ。フードプロセッサーでペースト状にするなど、利用しましょう。

〈 トッピング肉レシピ 〉

材料

※使用する部位によってカロリーは異なります。同じ部位でも皮あり・皮なしで違うので、フードで調節しましょう。

	3kg	6kg	10kg
鶏もも肉（豚ヒレ肉、牛ヒレ肉でもOK）	32g	54g	80g

作り方

1 ブロック肉を食べやすい大きさに切ってゆで、中までしっかり火を通す。

2 すべてドッグフードにのせる。余ったら冷凍保存する。

ゆで肉はたっぷり作って冷凍保存しよう！

〈 基本調理法 〉

1 加熱して大きな骨を取り除く

2 骨ごとフードプロセッサーで細かくし、加熱

魚は栄養価も高く、愛犬におすすめの食材ですが、魚の骨がわんちゃんの口や内臓に刺さることもあり危険です。煮る、ゆでる、焼くなど加熱して小骨を取り除いて与えるか、生のまま骨ごとフードプロセッサーで粉砕し、使用しましょう。

魚類

オメガ3系脂肪酸が豊富な魚は、健康維持に与えたい食材ですが、魚の骨は取り除きましょう。

煮干しなどの小魚も◎

魚はDHAやEPAなどの良質の脂肪酸を多く含んでいます。煮干しなどの小魚もカルシウム補給に利用率大です。

刺し身は生でもOK

刺し身は新鮮であれば生のまま与えても大丈夫。小骨の心配もありません。栄養素のバランスを考えると青魚を与えるのがおすすめです。

煮汁ごと与えてみよう

野菜、肉類ともに共通ですが、加熱するために水で煮た場合、旨み成分が溶け出したゆでた煮汁ごとドッグフードにかけて与えるのも◎。

〈 トッピング魚レシピ 〉

材料

※季節や獲れた場所などによっても異なります。カロリーが多い場合は、ドッグフードを減らすなどの調節を。

	3kg	6kg	10kg
イワシ	20g	32g	45g
山いも	10g	15g	22g
おから	適量	適量	適量

作り方

1 イワシと山いもをフードプロセッサーにかけ、おからを加えて練る。

2 沸騰した湯にスプーンで2～2.5cmの大きさになるようすくい入れ、3分煮る。

3 すべてドッグフードにのせる。余ったら冷凍保存する。

イワシ団子は冷凍保存にぴったり！

スープ

素材の栄養価と旨みを余すところなく得られるスープは、冷凍保存にうってつけ。煮汁ごと使いましょう。

〈 基本調理法 〉

食材を7～8分煮て、みじん切りに

多めに作って冷凍保存しておくと便利なスープは、野菜、肉、魚といくつかのジャンルに分けて作っておきましょう。作り方はいたって簡単。野菜、肉、魚をそれぞれ7～8分煮ます。食材をみじん切りにし、煮汁の中に戻し、冷ましてから冷凍保存します。

ふりかけもとっても便利！

じゃこや乾燥わかめなどを使ったふりかけも、保存食におすすめ。ふりかけ食材をフードプロセッサーで粉砕するだけで、超簡単トッピング食のでき上がり。

〈 3種のスープストックレシピ 〉

材料 ※分量はp.23～25のレシピの分量を参照してください。

	3kg	6kg	10kg
鶏もも肉	適量	適量	適量
タラ・アサリ	適量	適量	適量
ニンジン・キャベツ	適量	適量	適量

作り方

1 野菜ストック、肉ストック、魚ストックそれぞれを煮た煮汁をドッグフードに一緒に入れる。

野菜、肉、魚、それぞれの旨みを凝縮した冷凍保存トッピングアイテム

今日は野菜系、明日は肉系と日替わりも楽しい

肉スープストック
（鶏もも肉）

野菜スープストック
（ニンジン、キャベツ）

魚スープストック
（タラ、アサリ）

トッピング食材の保存法

ピューレやスープ状の場合

ピューレやスープなどの液体状のものは、製氷皿を使って冷凍しましょう。使用時に小さなキューブに分かれていて便利。常温に戻して加熱したり、夏場は凍ったままでなど、いろいろなスタイルで与えてみるのも楽しいです。

衛生面を考えて
フタ付き製氷皿で冷凍を

一食ずつ、
板状ラップで冷凍を

刻みゆで野菜の場合

刻みゆで野菜は、1、2食分ずつをラップに薄く伸ばして板状にし、しっかり包んで冷凍保存します。使うときに手でバキバキと折れ、常温ですぐに自然解凍ができるので便利です。野菜が新鮮なうちに作り置きしましょう。

ミンチ状の肉や魚の場合

ミンチ状の肉や魚類は、冷凍保存袋に入れて平らにならします。袋の上から縦横に数本の線を描くように割り箸を押し当て、1、2食分をブロック状に分けて冷凍。実際に与えるときは使用量はきちんと量りましょう。

使いやすい折れ目を
付けて冷凍！

一度に作って
しっかり保存

保存は冷蔵庫で2、3日、
冷凍庫で1カ月で使い切ろう！

1回で使うトッピング食材はごくわずか。だからこそ、まとめて作って保存するのが賢い方法です。といっても、冷蔵庫で2、3日、冷凍庫で1カ月を目安に使い切るようにしましょう。

basic idea #08

わんちゃんのために注意したいこと

食生活において、人間とわんちゃんとでは異なることがいくつかあります。
それらを踏まえて、工夫した調理や食材選びを心がけましょう。

人間と犬の違い

人間

見た目で食欲増進
香りも多少ありますが、器や盛り付けなどが食事のおいしさに大きく関わってくるのは、人間ならでは。

よく噛んで食べる
人間の場合、無意識ですが、口の中で食べ物をそしゃくし、噛み砕いてから安全な状態で胃へ送ります。

消化がいい
食べ物にもよりますが、人間は雑食動物のため、なんでもよく消化します。野菜の消化も上手です。

犬

香りで食欲増進
犬の嗅覚は人間の約100万倍と言われ、犬にとって香りは食の好みにも大きく影響する重要な要素です。

丸呑みしがち
口に入れた食物は、ほとんど噛まずに丸呑みしがち。一度に多くを食べると、吐き出してしまいます。

野菜の消化が苦手
肉食系よりの雑食動物のため、肉の消化は得意なのに対し、野菜類の消化は苦手。調理法は工夫しましょう。

丸呑み体質と消化の違いを覚えておこう

視覚による見た目でおいしそうと感じる人間と、嗅覚が発達し、香りに好奇心をそそられるわんちゃんでは、食への意識が違います。五感の中で嗅覚が重要な役割を果たすわんちゃんの場合、香りがポイントとなります。例えば食欲のないとき、いつもの食事に香り付けをすることで、食いつきがよくなることがあります。

消化能力や栄養素の分解能力にも大きな違いがあります。犬は野菜の消化がとっても苦手な動物です。そのままごろっとした野菜を与えても、せっかくの栄養素を十分に吸収できません。与えるときは、ゆでるなど火を通し、さらに細かくして与えるといった工夫が必要です。さらに人間が食べて問題がなくても、わんちゃんが食べると中毒を起こしてしまう食材もあるので、食材選びには配慮しましょう。人間と犬の違いを理解し、調理法やＮＧ食材などのポイントさえきちんと押さえれば、何も難しいことはありません。

大好きな食事を さらに効果的&楽しく

トッピングごはんは、わんちゃんの体質などに合わせたトッピング食材を選ぶことで、効果的に体質の改善や予防を行うことができます。その調理法の基本は、野菜類や肉・魚類を加熱し、さらに野菜類は細かくすることです。加熱することで、素材の持つ香りが強くなり嗜好性がアップします。わんちゃんの大好きなごはんが、一段と楽しいものに。おいしいだけでなく、健康に、そして楽しみも与えてくれるのが、トッピングごはんです。

食材
ドッグフード

トッピングごはん

完全手作り食は、必要栄養素の計算など勉強が必要です。でもトッピングごはんは、ドッグフードに食材をプラスするお手軽食なので、無理なく愛犬に食材の栄養素や楽しみを与えられるわんこ食。ぜひ楽しみながら挑戦してください。

ああ、食べたい
すぐ食べたい♥

犬に関するホントとウソ

肉を生で与えるほうがいい？

それぞれの考え方次第

肉は生で与えたほうがよいとの説もありますが、人間が生で食べても大丈夫なものは別として、衛生面を考えても加熱して与えたほうが安全でしょう。

未経験食材を与えるのは？

様子を見ながら試そう

健康のために、いろいろな食材を与えてあげるのはよいことです。でも中には、お腹がゆるくなってしまう犬も。様子を見ながら与えていきましょう。

塩は犬には必要ない!?

犬にも必要

人間の必要量に比べると少量ですが、わんちゃんにもナトリウム（塩分）は必要です。ただ肉や野菜にも含まれているので、あえてプラスする必要はなし。

ふーん…
そうだったのかぁ

ビタミンCは犬に必要ない？

犬にも必要

わんちゃんの場合、人間と異なり、ビタミンCを体内で生成できます。ただし、年齢とともに生成量は減少するため、食事として与えましょう。

トッピングごはんは太る？

ドッグフードを80％に

1回の食事でのトータルカロリーを変えなければ問題ありません。トッピング食材によって、ベースの量を、80％を目安にするなど、調節しましょう。

column

おおざっぱに手軽に！

トッピングごはんは、何も難しいことはありません。トッピング食材を与えるにあたって、いくつかの調理のポイントはありますが、ただそれだけ。ドッグフードをベースとしているので、完全手作り食のように、必要栄養素のことを細かく計算する必要もありませんし、始めたらずっと続けなくてはいけないわけでもありません。忙しい暮らしの中で、手間抜き、お手軽なのに、わんちゃん大喜びのごはんなのです。

ただし、はつらつ長生き犬を目指すならば、肥満は大敵。トッピングごはんでは、1回の食事のトータルカロリーを変えないことが大切です。トッピング食材として、低カロリーの野菜を加えるときは、ドッグフードの量は目安の80％より多めにします（90％くらいまでOK）。高カロリーのロース肉や、脂ののった魚を与えるときなどは、慎重にトータルカロリーを計算して与えるようにしましょう。

あとはおおざっぱで、まったく構いません。愛犬の様子を見ながら、いろいろな食材で試してみてください。食材を細かく切るのが手間なら、全部をフードプロセッサーでピューレ状にして与えても、もちろんOK。一度に多めに作り、小分けにして冷凍保存を活用するのもいいでしょう。飼い主さん自身が楽しみながら、気軽にトライすることが大切です。

Part 2

効果別トッピングごはん

トッピングごはんの基本がわかったら、さっそくチャレンジ！
プチ体調不良の効果別レシピを紹介します。
自分のわんちゃんの体調に合わせて与えましょう。

※各レシピに掲載されている分量は、１日に必要な摂取カロリーの分量です。ごはんは成犬の場合、２～３回に分けて与えてください。
※野菜・果物の場合は、カロリーが少ないため、ドライフードは通常の9割で与えてください。

〈効果〉

01

肥満予防

肥満は、人間同様さまざまな病気へのリスクが大きくなってしまいがち。太り気味のわんちゃんは、適度な運動とともに、効果的な食材を適切なカロリー量摂り入れ、体質改善しましょう。

低カロリー食材でカサ増しラクラク予防

肥満の根本は、食事のカロリー量が高く基礎代謝が低いという、摂取量と消費量のバランスの悪さにあります。肥満は、関節炎や心臓病、糖尿病に発展しかねない状態です。日ごろから予防を心がけましょう。

脂質のエネルギー代謝をアップさせるビタミンB2食材や、食物繊維豊富な食材は、肥満予防に効果的。去勢・避妊で太り気味なわんちゃんにもおすすめです。脂肪燃焼作用のカルニチンが豊富な肉類や、抗酸化作用と抗肥満効果がある大豆イソフラボンを含む豆腐は、積極的に取り入れたい食材。ただし、食事だけではなく、適度な運動で筋肉量を維持したダイエットを目指しましょう。

食べたい……
だけど……

check!!

- □ 食いしん坊で食べ過ぎがち
- □ 運動量が少なく、動くのが苦手
- □ 体重が理想よりオーバーしている
- □ 触っても肋骨や背骨がわからない

とくに摂取したい食材

#01

きのこ類

ビタミンを多く含みながら、食物繊維豊富で低カロリー。カサ増し食材としても肥満予防に◎。

#02

キャベツ

ビタミンCや食物繊維が豊富。胃腸の粘膜を保護するビタミンU（キャベジン）もたっぷり。

#03

豆腐

高タンパク低脂肪の豆腐に豊富に含まれる大豆イソフラボンは、抗肥満作用の効果があります。

食物繊維　ビタミンB2

材料

	3kg	6kg	10kg
まいたけ	7g	12g	18g
しめじ	7g	12g	18g
えのき	7g	12g	18g

作り方

1 まいたけ、しめじ、えのきを細かく刻む。
2 1の食材をすべて鍋に入れて1～2分ゆでる。
3 煮汁と一緒にドッグフードにのせる。

シンプルながら
栄養もしっかり摂れる
ヘルシーごはん

point

煮汁と一緒に食べることで、不足しがちな水分を上手に補給することができます。

脂肪分が少なく、カルニチンの多い
ラムチョップとトマトの
爽やかな組み合わせ
point
トマトは酸味があるので好き嫌いが出やすい食材です。なるべく酸味の弱いものをあげるように気を付けましょう。
高タンパク・低脂肪の
ささみは太り気味の
犬にぴったり！

\ topping /

 + 

食物繊維　高タンパク

材料

	3kg	6kg	10kg
鶏ささみ	35g	60g	90g
ゴボウ	15g	18g	20g

作り方

1 ゴボウをみじん切りにする（アク抜きは気になる場合はする）。
2 鶏ささみは食べやすい大きさに切って煮る。
3 煮汁と一緒にドッグフードにのせる。

\ topping /

 + 

カルニチン　リコピン　高タンパク

材料

	3kg	6kg	10kg
ラム肉	18g	30g	45g
ホールトマト（缶詰）	10g	30g	40g

作り方

1 ラム肉はしっかり火が通るまで焼き、食べやすい大きさに切る。
2 ホールトマトはスプーンの背などで軽くつぶす。
3 すべてをドッグフードにのせる。

食物繊維とイソフラボンで
おなかの調子も
すっきりと

満腹感と食感で
これ1食で満足できる
お手軽ダイエットごはん

\ topping /

食物繊維 イソフラボン

材料

	3kg	6kg	10kg
しらたき	適量	適量	適量
豆腐	50g	85g	125g

作り方

1 しらたきは食べやすい長さに切る。
2 豆腐はさいの目切りにする。
3 しらたきと豆腐を鍋に入れてゆでる。
4 すべてをドッグフードにのせる。

\ topping /

食物繊維

材料

	3kg	6kg	10kg
春雨	10g	15g	25g
キャベツ	25g	50g	70g
たけのこ	25g	50g	70g

作り方

1 春雨は水に戻して細かく切る。
2 キャベツとたけのこは細かく切る。
3 春雨、キャベツ、たけのこを鍋に入れて一緒に煮てスープにする。
4 スープと一緒にドッグフードにのせる。

〈効果〉

02 免疫力アップ

免疫力をアップさせることはすべてのわんちゃんに必要なことです。とくに病中病後のわんちゃんには、免疫力アップが重要。免疫力を高めることは、老化やがんの予防にもつながります。

抗酸化食材の活用で丈夫な体作りを

免疫力とは、感染症などから体を守るための本来持っている体内システムです。体に侵入してきた異物を認識し、排除する防御機能であるこの免疫力が低下すると、さまざまな病気にかかりやすくなる危険性も。

免疫力強化には、抗酸化成分が豊富に含まれているビタミンAやビタミンC、ビタミンEが効果的です。ビタミンAは皮ふや骨の健康維持や粘膜保護の働きがあり、感染症予防にも効果的。また、魚介類に豊富なセレンは、体を酸化から守る働きがあります。体を支える重要なカルシウム、抗ストレスに有効なマグネシウム、皮ふを健康に保つ亜鉛などもバランスよく取り入れましょう。

元気パワーをアップしたい！

check!!

- □ 病気にかかりにくい丈夫な体作りに
- □ ストレスに負けない、体作りに
- □ 発がんを予防し、長生きをサポート
- □ 病中、病後のわんちゃんにとくにおすすめ

とくに摂取したい食材

#01
カジキマグロ

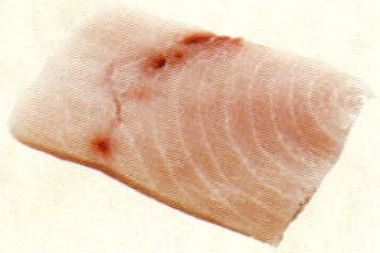

疲労解消に効果があるイゾミタールペプチドを豊富に含み、高タンパク低脂肪の元気食材。

#02
ホタテ（貝柱）

抗酸化作用のセレンが多く、ガン予防にも。魚介類や鶏肉に豊富に含まれている栄養素。

#03
貝割れ大根

ビタミンB12、葉酸、カルシウム、マンガン、亜鉛など栄養素が豊富。解毒、抗酸化作用も。

疲労に負けない強い体作りのためのサポートごはん

topping

ビタミンE　カロテン

材料

	3kg	6kg	10kg
カジキマグロ	30g	55g	80g
ブロッコリー	30g	55g	80g
プチトマト	適量	適量	適量

作り方

1 ブロッコリーをゆでて細かく刻む。
2 カジキマグロは食べやすい大きさに切って焼く。
3 プチトマトを半分に切る。
4 すべてドッグフードにのせる。

point

プチトマトはきちんと半分に切って食べさせましょう。小さいとはいえ、わんちゃんによっては大きい場合もあります。

\ topping /

ビタミンB1　ビタミンE　セサミン

材料

	3kg	6kg	10kg
豚もも肉	35g	35g	35g
すりごま	適量	適量	適量
ごま油	適量	適量	適量

作り方

1 豚もも肉は細かく切り、ごま油で火が通るまで焼く。

2 1にすりごまを加えて和える。

3 ドッグフードにのせる。

\ topping /

セレン　カルシウム　マグネシウム　亜鉛　ビタミンE

材料

	3kg	6kg	10kg
ホタテ貝柱（缶詰）	45g	75g	100g
貝割れ大根	10g	20g	30g

作り方

1 ホタテ貝柱は水気を切り、ほぐしておく。

2 貝割れ大根を半分くらいの長さに切る。

3 すべてをドッグフードにのせる

Advice　貝割れ大根に含まれるセレンは、ビタミンEの60倍もの抗酸化作用を持つ必須ミネラル。

point
免疫を高めるためには、栄養素をしっかり消化することが大切。野菜はゆでて細かく、豚肉も加熱しましょう。
抗酸化作用の働きがあるセレンがたっぷり
血圧を抑制し、疲労も解消。老化防止に効果あり

point

レバーやカブなど、わんちゃんの口の大きさに合わせた大きさに切ると食べやすくなります。

免疫力を高める ビタミンAや 鉄分が豊富な元気食

topping

ビタミンA　鉄分

材料

	3kg	6kg	10kg
鶏レバー	40g	65g	100g
カブ	1/8	1/4	1/2
プチトマト	1/4	1/2	3/4
カブの葉	1/2	1	1.5

作り方

1 カブは食べやすい大きさのさいの目切りに、カブの葉はみじん切りする。プチトマトは1/4に切る。

2 レバーは食べやすい大きさに切る。

3 1と2の材料をすべて一緒に煮る。

4 煮汁と一緒にドッグフードにのせる。

Advice 鶏レバーには、皮ふや粘膜の働きを保つビタミンAや、ビタミンB類、C、E、鉄が多い。

〈効果〉
03
おなかが弱い

下痢をしやすい、吐き気があるなどの原因はさまざま。胃腸に負担をかけず、消化吸収をアップさせる食材を活用し、腸内環境を整えていきましょう。

胃腸に効果的な消化吸収がよい食材で腸内環境を改善

下痢は犬によく見られる症状ですが、ひんぱんに繰り返すようなら、デリケートなおなかを体質として持っているのかも。獣医師さんと相談しながら食事の工夫を行いましょう。胃腸の粘膜を保護するには、オクラなどのネバネバ食材がおすすめ。胃にやさしく消化も◎。腸内環境改善には、乳酸菌や食物繊維も重要。

なお下痢を改善したいときは、レンコンなどに多いタンニンがおすすめ。炎症を起こした粘膜を刺激から保護するなど、下痢を止める作用があるとされています。腸内環境は免疫力とも密接に結びついているため、胃腸関係を改善することで、免疫力アップにもつながります。

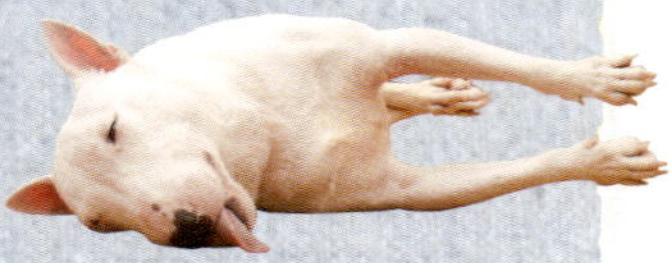

やさしいもの
お願いします…

check!!

- □ ひんぱんに下痢やおう吐がある
- □ 食が細い
- □ やせて太れない
- □ 食ムラや受け付けない食材がある

とくに摂取したい食材

#01
おから

便を固める働きがある食物繊維が豊富。腸内を掃除することで改善が期待。抗酸化力も高い食材。

#02
ダイコン・山いも

消化酵素のジアスターゼがたっぷり。消化を促進し、慢性の下痢や胃酸過多、便秘にも効果的。

#03
レンコン

腸のけいれんを止めたり、便を固める働きのあるタンニンを多く含有。消炎や止血作用もあり。

ネバネバオクラと食物繊維豊富なおからで腸内環境を改善

topping

食物繊維

材料

	3kg	6kg	10kg
オクラ	1本	2本	3本
おから	10g	15g	20g

作り方

1 オクラはゆでて、食べやすい大きさの輪切りにする。

2 おからにオクラを加えて和える。

3 ドッグフードにのせる。

point

胃粘膜を保護するネバネバ食材、食物繊維がたっぷりのおからの組み合わせは、腸内環境改善の最強タッグです。

低脂肪のタラと発酵食品の納豆で腸内をクリーンに

＼ topping ／

タンパク質　食物繊維　イソフラボン

材料

	3kg	6kg	10kg
タラ	40g	75g	110g
納豆	8g	10g	12g

作り方

1 タラは火が通るまで煮て、ほぐしておく。

2 納豆にタラを加えて和える（しょうゆは使用しない）。

3 ドッグフードにのせる。

Advice　納豆には腸内環境を改善する働きが。与えるときはつぶすか、ひき割り納豆を利用。

腸内環境改善の代名詞乳酸菌と食物繊維の体質改善ごはん

＼ topping ／

食物繊維　乳酸菌

材料

	3kg	6kg	10kg
ヨーグルト（無糖のもの）	20g	36g	56g
バナナ	20g	36g	56g

作り方

1 バナナは食べやすい大きさの輪切り、もしくは角切りにする。

2 ヨーグルトとバナナを混ぜる。

3 ドッグフードにのせる。

サツマイモの食物繊維とリンゴの抗酸化作用がベストマッチ

\ topping /

食物繊維

材料

	3kg	6kg	10kg
サツマイモ	30g	55g	85g
リンゴ	20g	36g	56g

作り方

1 サツマイモを食べやすい大きさに切り、柔らかくなるまでゆでる。
2 リンゴは皮付きのまますりおろす。
3 サツマイモとリンゴを混ぜ合わせる。
4 ドッグフードにのせる。

消化酵素食材が消化を促進し、栄養の吸収力をアップ

\ topping /

ジアスターゼ

材料

	3kg	6kg	10kg
山いも	10g	17g	28g
カブ	10g	17g	28g
刻みのり	適量	適量	適量

作り方

1 山いも、カブの皮をむく。
2 1をそれぞれすりおろす。
3 すべてドッグフードにのせ、刻んだのりをのせる。

Advice 消化を助けるジアスターゼがたっぷり。カブの葉を細かく刻んで入れるのもおすすめ。

〈効果〉

04

皮ふが弱い

皮ふトラブルの多くは内臓ダメージのサインかも⁉
良質なオメガ3&オメガ6不飽和脂肪酸を
上手に取り入れ、美肌で健康的なわんこを目指しましょう。

亜鉛と脂肪酸で皮ふのトラブル予防

皮ふが弱いわんちゃんには、天然の抗炎症作用のある食材がおすすめです。毛ヅヤが悪い、肌が荒れている場合、とくに活用したいのがオメガ3&オメガ6不飽和脂肪酸パワーです。青魚に含まれることでよく知られているDHAやEPAは、オメガ3不飽和脂肪酸です。クルミやごま油、緑黄色野菜、豆腐などにも多く含まれています。

美肌効果には貝類に多く含まれる亜鉛もお役立ち。酵素を活性化する働きがあり、タンパク質や糖質の代謝、免疫機能の維持に関わっています。もちろん美肌成分として名高いカロテンやビタミンCを多く含む緑黄色野菜もおすすめです。

健康で丈夫な
皮ふがいいよね

check!!

- □ 毛ヅヤが悪い
- □ アトピーなどの皮ふ疾患がある
- □ 皮ふがカサカサしてフケが出やすい
- □ 皮ふをかゆがることが多い

とくに摂取したい食材

#01

アサリ

皮ふの再生を促進する亜鉛が豊富。ビタミンBやマグネシウム、鉄なども多い食材。

#02

サバ

青魚の王様と呼ばれるほど良質な脂質が多く、健康な皮ふの維持に必要なビタミンB2、Dも豊富。

#03

パプリカ

ビタミンやカロテンが多く、美肌効果や疲労回復、抗ガン作用、免疫力の向上が期待できる食材。

貝類の旨みと滋味を
たっぷり味わえる
抜群の美肌効果ごはん

\ topping /

DHA　タウリン　亜鉛

材料

	3kg	6kg	10kg
アサリ（水煮缶）	25g	50g	75g
イワシ	10g	10g	13g

作り方

1 イワシの内臓を取り除き、焼く。
2 イワシに火が通ったら、大きい骨は取り、身をほぐす。
3 アサリは半分に切る。
4 すべてドッグフードにのせる。

Advice 皮ふの健康を保つ働きのある亜鉛を豊富に含み、皮ふの老化予防にも効果があるメニュー。

point
皮ふを健康に保つ亜鉛と青魚パワーで、体の中からきれいにしていきます。

カロテンにビタミンC、緑黄色パワーを取り入れたい

topping

カロテン　ビタミンC　ビタミンE

材料

	3kg	6kg	10kg
パプリカ	5g	8g	13g
ピーマン	5g	8g	13g
ブロッコリー	5g	8g	13g
オリーブオイル	適量	適量	適量

作り方

1 すべての野菜をオリーブオイルで焼く。
2 粗熱が取れたら細かく刻む。
3 すべてドッグフードにのせる。

point

野菜のみのお手軽健康食です。野菜はなるべく細かく切ってあげましょう。消化しやすくなります。

point
オメガ3やオメガ6は血行をよくし、抗炎症作用があります。ダイエットにも向いている栄養素です。
良質の脂肪酸、EPAがたっぷり入った美肌ごはん
老化防止効果もある青魚の王様で丈夫で強い皮ふに!

\ topping /

 + 

オメガ3 オメガ6

材料

	3kg	6kg	10kg
サバ	22g	37g	54g
ベビーリーフ	適量	適量	適量

作り方

1 サバは焼いて身をほぐし、骨を取り除いておく。

2 ベビーリーフを刻む。

3 すべてをドッグフードにのせる。

Advice 良質な脂肪酸のDHAは抗炎症作用を有し、皮ふの健康をサポートしてくれます。

\ topping /

 + 

オメガ3 オメガ6 ビタミンB カロテン アスタキチンサン

材料

	3kg	6kg	10kg
サケの中骨(缶詰)	27g	44g	65g
絹さや	適量	適量	適量

作り方

1 絹さやはゆでて細かく刻む。

2 サケの中骨を取り出し、スプーンで軽くつぶします。

3 すべてをドッグフードにのせる。中骨缶の汁も少し加えましょう。

〈効果〉

05 食が細い

食が細いということは、必要な栄養素がしっかり摂れていないということも。健康で強い体を作るためにも、嗜好性のアップを心がけましょう。

嗜好性の高い食材を使ってわんちゃんの食欲を高める

食事をあまり食べない、残すことが多いなどの場合、まずはしっかり食べさせることが大切です。トッピングごはんは、プラス食材が嗜好性をアップさせるので、いつものフードだけでは食が進まないわんちゃんにうってつけです。おおいに活用してみてください。

ビタミンB1を多く含む豚レバーは、栄養価も高く、ペースト状にすることで嗜好性もアップ。食欲増進効果が期待できます。不飽和脂肪酸やカルニチンを含むラム肉も、嗜好性、栄養価ともにおすすめです。

なお、長引く食ムラがあったり、急激に食欲が落ちてきたときは要注意。獣医師さんに相談しましょう。

おいしいレシピで食欲アップ！

check!!

- □ 食が細く、適量なのに食べ残しがある。
- □ 食べたり、食べなかったり食ムラがある。
- □ やせ気味だ。
- □ 受け付けない食材がある。

とくに摂取したい食材

#01

豚レバー

脂質は少ないのに栄養価は高く、疲労回復のビタミンB1や代謝を促進するナイアシンが多い。

#02

ラム肉

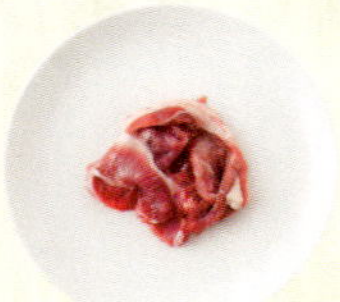

消化がよく、健康維持に役立つ不飽和脂肪酸を多く含み、鉄分やビタミンB1も豊富な食材。

#03

ミックスビーンズ

良質なビタミンや鉄分を含み、食物繊維もたっぷり。水煮缶を使うことで、消化がスムーズに。

柔らかい水煮ビーンズと
ヘルシーラム肉の
低脂肪高タンパクの理想食

topping

タンパク質　ビタミンB1

材料

	3kg	6kg	10kg
ラム肉	15g	25g	30g
ミックスビーンズ（缶詰）	10g	14g	20g
ブロッコリー	適宜	適宜	適宜

作り方

1. ラム肉を食べやすい大きさに切って煮る。
2. ミックスビーンズはスプーンの背で軽くつぶす。
3. すべてをドッグフードにのせる。お好みでゆでて細かくみじん切りしたブロッコリーも。

point

ラム肉は、脂肪が少なくてタンパク質が多い食材です。たくさん食べても太りにくいので食が細いわんちゃんにはたくさんあげましょう。

point
脂肪分が少なく、栄養価の高い豚レバーには、バターの風味をプラスして食欲をアップさせましょう。
栄養価の高いレバーに
無塩バターの香りが
食欲をそそる
しっかり火を通した
豚ひき肉の香りが
食欲を促進

\ topping /

タンパク質　ビタミンB1

材料

	3kg	6kg	10kg
豚ひき肉	20g	25g	50g
小麦粉	適量	適量	適量
卵	適量	適量	適量
刻みのり	適宜	適宜	適宜

作り方

1 豚ひき肉をこねる。
2 つなぎとしてひき肉に小麦粉、卵を入れてさらにこねる。
3 2～2.5cm大に丸めてゆでる。
4 煮汁と一緒にドッグフードにのせ、刻んだのりをのせる。

\ topping /

ビタミンA　鉄分　ナイアシン　ビタミンB1

材料

	3kg	6kg	10kg
豚レバー	18g	30g	44g
ブロッコリー	適量	適量	適量
無塩バター	少々	少々	少々

作り方

1 無塩バターは室温で溶かしておく。
2 ブロッコリーをゆでて細かくみじん切りにする。
3 豚レバーはゆでて、フードプロセッサーに入れ、ペースト状にする。
4 ペースト状になったら無塩バターを加える。
5 すべてをドッグフードにのせる。

point
チーズは犬の大好きな食材で、嗜好性がアップ。カッテージチーズは、低塩分、低カロリーでおすすめです。
スープ仕立てで
胃腸に負担をかけず
栄養をしっかり吸収
わんこが大好きな
牛肉ととうもろこしの
コラボで食欲増進

topping

タンパク質　カルシウム

材料

	3kg	6kg	10kg
鶏もも肉	25g	45g	70g
カッテージチーズ	10g	15g	18g

作り方

1 鶏もも肉は食べやすい大きさに切り、しっかりと火が通るまで煮る。
2 煮汁と一緒にドッグフードにのせる。
3 仕上げにカッテージチーズをのせる。

topping

タンパク質　ビタミンB12

材料

	3kg	6kg	10kg
牛ヒレ肉	15g	25g	40g
クリームコーン（缶詰）	15g	20g	25g

作り方

1 牛ヒレ肉を食べやすい大きさに切って焼く。
2 クリームコーンと焼いた牛ヒレ肉をドッグフードにのせる。

Advice 牛肉も甘いとうもろこしも、わんちゃんが大好きな食材で、嗜好性が大幅アップします。

〈効果〉

06

目にいい

歳を取ると、目の水晶体が白く濁る白内障や核硬化症などの症状が出やすくなります。目の健康に効果のある食材を取り入れましょう。

加齢とともに劣化する水晶体をサポート

もともと犬は近くのものは見づらく、遠くで動くものはよく見えるという目を持っています。でも老犬になると白内障や核硬化症にかかったり、視力が衰えがちに。目を守り、免疫力を高めるビタミンAをはじめ、ブルーベリーの紫色の色素として有名なアントシアニンなどで、目の劣化を防ぎましょう。

check!!

- □ 黒目が白く濁っている。
- □ 白目が充血しやすい。

topping

アントシアニン

材料

	3kg	6kg	10kg
ベリーミックス	100g	160g	250g
ベビーリーフ	適宜	適宜	適宜

作り方

1 ベリーミックスは凍ったままフードプロセッサーにかけ、シャーベット状にする。

2 ドッグフードにのせて、小さくちぎったベビーリーフをのせる。

アントシアニンの効果で視力低下を防ぐシンプルトッピング

point

ブルーベリーは酸味が強いものもあるので、酸味が苦手なわんちゃんにははちみつを加えてあげると食べやすくなります。

うなぎとキュウリの相性抜群の組み合わせ！

point

目の働きを助けてくれるビタミンAを多く含むうなぎは、味付けせずに使いましょう。

topping

ビタミンA

材料

	3kg	6kg	10kg
うなぎ（白焼き）	11g	22g	33g
キュウリ	5g	8g	13g
刻みのり	適宜	適宜	適宜

作り方

1. うなぎの白焼きは食べやすい大きさに切る。
2. キュウリを千切りにする。
3. すべてをドッグフードにのせる。お好みで刻んだのりをのせる。

〈効果〉

07 歯周病予防

歯周病にかかると、歯ぐきが炎症を起こし、出血や顔がはれる場合も。歯が抜け落ちるだけでなく、心臓や腎臓などの内臓に負担がかかる場合もあります。

毎日の歯みがき習慣と口中内のお掃除食材が大切

歯ぐきがはれ、口臭が強くなる歯周病は、単に歯のトラブルだけでなく、歯周病菌が体にまわって、ダメージを与える場合もあります。歯周病予防には日ごろからの歯みがき習慣が大切ですが、食生活では鶏軟骨や牛すじなど口腔内をきれいにしてくれる働きが期待できる食材を取り入れましょう。

check!!

- □ 口臭がひどい
- □ 歯ぐきがはれている
- □ 歯ぐきから血が出ることがある

材料

ナイアシン　カルシウム

	3kg	6kg	10kg
鶏軟骨	60g	110g	160g
小麦粉	適量	適量	適量
溶き卵	適量	適量	適量
サラダ油	適量	適量	適量
ベビーリーフ	適宜	適宜	適宜

作り方

1. 鶏軟骨は食べやすい大きさに切っておく。
2. 小麦粉と卵・水をよく混ぜ合わせて鶏軟骨にまぶし、熱した油で揚げる。
3. ドッグフードにのせる。お好みでベビーリーフをのせる。

こりこり歯ごたえで
歯をきれいにする
手助けをしてくれる食事

topping

牛すじは噛みごたえ十分
歯の健康をサポート
してくれるお助け食

point

牛すじはしっかり火を通してやわらかくします。固いと食べにくく、歯の弱いわんちゃんには向きません。

topping

食物繊維　ビタミンB2

材料

	3kg	6kg	10kg
牛すじ	30g	48g	70g
セロリ	適量	適量	適量

作り方

1. セロリは食べやすい大きさに薄く切る。
2. 牛すじは、柔らかくなるまでよく煮る。
3. すべてをドッグフードにのせる。牛すじは煮汁も一緒に入れる。

Advice 牛すじを短時間で柔らかくするには、圧力鍋がおすすめ。骨を丸ごと与える場合にも◎。

年齢によって変化する

ライフステージ別 レシピ

わんちゃんも、人間と同様に歳を取っていきます。
年齢によって食べるものも異なるので
愛犬の年齢を知っておきましょう。

愛犬のライフステージを知ることが長生きのポイント

わんちゃんも人間と同じように歳を取ります。しかし、人間よりも何倍も速く歳を取るので、体の衰えや健康は飼い主がしっかり見てあげることが大切です。愛犬がどのように歳を取っていくか、ライフステージを知っておくようにしましょう。

犬は、最初の1年で15〜20歳、次の1年で9歳、その後1年に4〜7歳ずつ歳を取ると言われています。また、老化は徐々に進みます。一般的に大型犬の方が寿命が短くなり、小型犬の方が変化もゆるやかだと言われています。小型犬と大型犬で老化の進み方は異なりますが、1年未満のわんちゃんから老化が始まっているのです。愛犬と長く過ごすためには幼犬のころから食事や運動などに気を使うことが大切です。

また、食事はもっとも気にしてあげたいことのひとつです。58ページから「老犬」「子犬」「出産・妊娠犬」に分けていくつかトッピングレシピを紹介しています。自分の愛犬が現在何歳でどういった健康状態にいるかをチェックし、自分のわんちゃんに合ったごはんを与えるようにしましょう。

医療の発達でわんちゃんの寿命は伸びてはいますが、大切なのは毎日のケア。わんちゃんと少しでも長くいられるように毎日を大切にしてください。

人間と犬の寿命の違い

	犬	人間	
幼少期（幼犬）	0〜1歳	0〜15歳	生後30日くらいで活発に動き始める。3カ月ごろにはさまざまなことに興味を持ち始め、ワクチンはこの時期までに終わらせる。7カ月ごろになると性成熟に達する。
青年期（成犬）	1〜7歳	16〜44歳	1歳ごろには体の成長が止まり、いわゆるおとなの犬に。3歳ごろには体力などが落ち着いてくる。3〜7歳のころは、体力気力とも充実し、とても元気のある時期。
中・高年期（老犬）	7歳〜	45歳〜	7歳から中年期に入り、体の動きなども鈍ってくる。10歳には足腰が弱ってくるなど、少しずつ体力の衰えが目立つようになるので、日ごろから注意して見てあげる。

日々の変化を
見てね！

人間年齢に換算した場合

毎日のコミュニケーションで 愛犬の変化に気付こう

犬の成長年齢は、実年齢とは異なり、老化のスピードも変わってきます。「犬は7年生きれば長寿」と言われていましたが、現在は医療の発達などにより、大型犬で10年以上、小型犬で15年以上など、長生きする犬が増えています。ただし、犬種や育てる環境によってばらつきがあります。数字だけで判断せず、日ごろから愛犬のことを気にかけてちょっとした変化を見逃さないように、スキンシップを大切にしましょう。

人間（歳）	小・中型犬（歳）	大型犬（歳）
1	15	12
2	24	19
3	28	26
4	32	33
5	36	40
6	40	47
7	44	54
8	48	61
9	52	68
10	56	75
11	60	83
12	64	90
13	68	97
14	72	104
15	76	111

老化の症状

老化は急にやってこない 徐々に始まっている

老化はその年齢になったらなるものではなく、徐々に変化していくものです。だからこそ、愛犬の変化にいち早く気付くことが必要です。老犬になるとさまざまな部分に変化が生じます。行動だけでなく、毛並みや顔立ちなど、若いころと変わってきたところがあれば、老化のサインです。

老犬のごはん

- 高齢犬用のドッグフードに切り替える
- スープなどで柔らかくする
- 温めるなどして嗜好性を高める

目

目やにが増えたり充血しやすくなる。白内障といった目の疾患にもかかりやすくなる。物にぶつかりやすくなる。

耳

最初に衰える可能性が高いのが聴力。聴力が低下すると呼びかけの反応が遅くなるなどの症状が。

鼻

嗅覚は徐々に低下してくる。老化により粘膜の抵抗力が弱まって感染症にかかりやすくなる。

毛

毛ヅヤが悪くなってもつれやすくなったり、毛がだんだん白くなってくる。抜け毛が増えることも。

口

味覚が低下する。また歯周病が進行し、歯ぐきが縮んで歯が見えたり、歯が抜けてしまうことも。

内臓系

胃腸や腎臓、心臓など内臓機能が低下することにより、さまざまな症状が起こりやすくなる。

アンチエイジングで
いつまでも生き生き♥

老犬のためのレシピ

愛くるしい子犬でもいつかは歳を取り老犬となります。老犬期を健やかに過ごすために、アンチエイジングで元気な体作りを目指しましょう。

すべてのわんちゃんに大切なアンチエイジング食

大型犬では7歳くらいから、小型犬では10歳くらいから老犬と言われ、若いころに比べて基礎代謝が低下し、免疫力も低下しがちに。代謝を助け、疲労解消に役立つビタミンB1は積極的に取り入れたい食材です。また代謝が落ちてくると、肥満傾向になる場合も。カロリー控えめを心がけましょう。

人間界でも注目されているビタミンEやセサミンは、アンチエイジングのための栄養素として生活習慣病やガン予防の効果があります。セサミンを多く含むごまは、良質のたんぱく質や脂質だけでなく、ビタミンやミネラルも豊富で、注目の老化防止食材。消化吸収しやすいよう、すりごまにして活用しましょう。

とくに摂取したい食材

#01

豚ロース

筋肉や神経の疲労を取り除くビタミンB1や、血行をよくするナイアシンが豊富な元気食材。

#02

アーモンド

若返りのビタミンと呼ばれるビタミンEがたっぷり。ガン予防効果も期待される老化防止食材。

#03

すりごま

健康成分セサミンを多く含み、コレステロール抑制や肝機能に働きかけるアンチエイジング食材。

若いときから
心がけたいよね

疲労解消や免疫力に豚の持つビタミンB1パワーを取れ入れよう

point

豚ロースでビタミンB、パプリカでカロテンを摂取します。ビタミンBは免疫力を高める効果があり、歳を取ったわんちゃんにはぴったりです。

topping

ビタミンB1　カロテン

材料

	3kg	6kg	10kg
豚ロース肉	25g	45g	70g
パプリカ	8g	13g	21g
きくらげ	5g	8g	13g
サラダ油	適量	適量	適量

作り方

1 豚ロース肉は食べやすい大きさに切り、サラダ油を熱したフライパンで炒める。

2 パプリカは細かく刻み、きくらげは水に戻して細かく刻む。

3 1に加えて火が通るまで炒める。

4 すべてをドッグフードにのせる。

スープ仕立てだから消化吸収が抜群

\ topping /

カルシウム　イソフラボン　タンパク質

材料

	3kg	6kg	10kg
豆腐	20g	25g	30g
卵	1/4個	1/3個	1/2個

作り方

1 豆腐は食べやすい大きさのさいの目切りにし、熱湯に入れて湯豆腐にする。

2 1の鍋に溶き卵を加え、スープにする。

3 スープと一緒にドッグフードにかける。

point

老化予防には、抗酸化作用の高い豆腐メニューがぴったり。噛む力が弱いのでスープなどでドッグフードを柔らかくしましょう。

アスタキサンチンに注目した老化防止メニュー

\ topping /

アスタキサンチン　セサミン

材料

	3kg	6kg	10kg
サケ	22g	36g	54g
すりごま	少々	少々	少々

作り方

1 サケは、なるべく塩分の少ないものか、生サケを使用。サケはゆでる。

2 火が通ったらサケの骨を取り、身をほぐす。

3 ドッグフードにのせ、仕上げにすりごまをふりかける。

topping

食物繊維　ビタミンE　セセミン

材料

	3kg	6kg	10kg
サツマイモ	30g	50g	80g
アーモンド	適量	適量	適量
すりごま	少々	少々	少々

作り方

1 サツマイモはひと口大に切り、レンジで温めて柔らかくする。
2 アーモンドを粒状に砕き、フライパンで煎る。
3 サツマイモにアーモンド、すりごまを加えて和える。
4 すべてをドッグフードにのせる。

アンチエイジング効果の高いアーモンドとサツマイモのごま和え健康食

point

セサミンもビタミンEも抗酸化作用が高い栄養素です。老犬のアンチエイジンングのために積極的に摂取しましょう。

まだ1回に多くは
食べられないんだ

幼犬のためのレシピ

体の基本を作る大切な時期です。筋肉や血液などを作る良質なタンパク質や、骨や歯を丈夫にする小魚などのカルシウムを多く含む食材を与えましょう。

育ち盛りの子犬期は十分な栄養をバランスよく

体の土台を作るために、発育を助けるさまざまな栄養素が必要な時期です。良質のタンパク質は、育ち盛りの幼犬に欠かせない重要な栄養です。さらに骨や歯を丈夫にするカルシウムや、ビタミンを多く含む食材を与えるようにしましょう。ただし子犬期は、まだ内臓がきちんと発達していません。1回の量は少なめに食事回数を増やしたり、スープ仕立てにしてドッグフードをふやかすことで消化器官に負担をかけないことも大切です。

また成長のためのエネルギーが必要な時期とはいえ、過剰なカロリー摂取は肥満犬への道です。健康に育つために、必要な栄養を適切なカロリー量で、バランスよく摂ることが大切です。

とくに摂取したい食材

#01
卵

成長に必要な脂質とタンパク質が含まれた栄養食。骨格作りに必要なカルシウムとリンも豊富。

#02
煮干し

骨や歯を作るカルシウムがたっぷり。体作りに必要なタンパク質の多さは乾物類でトップクラス。

#03
ブロッコリー

カロテンやビタミンC、ビタミンB群が豊富。細胞や血液の生成に不可欠な葉酸を多く含んだ食材。

成長のためには
いろいろ食べなきゃ！

※幼犬の場合、月齢によって必要カロリー量は変わってくるので、適宜増やしましょう。

卵は高タンパクの代表食材！　幼犬期にぴったり

point

卵は、普通の大きさのゆで卵を食べられる大きさに切っても大丈夫です。

\ topping /

タンパク質

材料

	3kg	6kg	10kg
うずらの卵（缶詰でも可）	2個	3個	4個
枝豆	7g	15g	25g

作り方

1 うずらの卵をゆで、殻をむいて半分に切る。
2 枝豆はゆでてスプーンの背などで軽くつぶす。
3 すべてをドッグフードにのせる。

point

幼犬向けのふりかけとして使用する場合、煮干しは低塩・無塩のものを選びましょう。

骨を強くするカルシウム満点の栄養抜群ごはん！

\ topping /

カルシウム　ビタミン

材料

	3kg	6kg	10kg
煮干し	適量	適量	適量
ブロッコリー	適量	適量	適量

作り方

1 煮干しはお好みの量を丸ごとフードプロセッサーにかけ、ふりかけ状にする。
2 ブロッコリーはゆでて、細かく刻む。
3 ブロッコリーをドッグフードにのせて、ふりかけをふりかける。

水分補給に
スープ仕立てが◎

出産・妊娠犬のためのレシピ

妊娠期や子犬への授乳期は、栄養を過不足なく摂ることが大切です。食事回数と内容をしっかり管理しましょう。

いろんな栄養素をバランスよく与えよう

妊娠期はもちろん、母乳として子犬に栄養を与える授乳期の食事管理はとても大切で、多くの栄養を必要とします。骨や歯を作るカルシウムや鉄分、体調管理に必要な良質なタンパク質や食物繊維など、バランスよく栄養を摂れるように心がけましょう。

妊娠・授乳期ともに、エネルギー要求量が高くなります。また、妊娠後期は胎児に圧迫され、一度に多くの量が食べられなくなります。体が疲弊しがちな授乳期同様、胃腸への負担も考え、食事回数を多くするよう工夫しましょう。さらに授乳期は、十分な母乳を生成するために、十分な水分の補給も重要です。スープを使うレシピで、無理なく水分補給するといいでしょう。

とくに摂取したい食材

#01
馬肉

高タンパク低脂肪食材。カルシウムや鉄分も、牛肉や豚肉の3～4倍と多く、ビタミンも豊富。

#02
ブリ

良質な脂肪酸DHAやEPA、肝機能を高めるタウリンが豊富。血合いも一緒に摂るのがベスト。

#03
ダイコン

消化を助ける分解酵素のジアスターゼが多く含まれている食材。皮に豊富なので、丸ごと使用しよう。

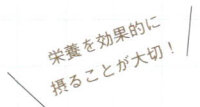

栄養を効果的に
摂ることが大切！

※出産・妊娠犬の場合、段階によって必要カロリー量は変わってくるので、適宜増やしましょう。

point

水の分量を増やし、ダイコンとブリのスープにして食べさせるのもおすすめです。

topping

血合いを多く含むブリで不足しがちな鉄分補給

DHA　鉄分　タンパク質　食物繊維

材料

	3kg	6kg	10kg
ブリ	18g	30g	42g
ダイコン	15g	25g	40g
刻みのり	適宜	適宜	適宜

作り方

1 ダイコンは小さく切り、ブリは血合いを取らずにひと口大に切る。

2 ダイコンとブリを鍋で煮る。

3 煮汁と一緒にドッグフードにのせる。お好みで刻んだのりをのせる。

少量でタンパク質が摂れる栄養満点レシピ！

topping

タンパク質　カルシウム　鉄分

材料

	3kg	6kg	10kg
馬肉	40g	65g	85g
ニンジン	20g	32g	50g

作り方

1 ニンジンを細かく刻み、柔らかくなるまでよく煮込む。

2 馬肉は角切りにし、ニンジンと一緒に煮てスープにする。

3 すべてをドッグフードにのせる。

column

毎日の食事で健康に！

人間社会でも、食材の持つ栄養についてとても注目が集まっています。食事は人もわんちゃんも、毎日行う重要な生命活動です。ですが薬と異なり、食材の持つ栄養パワーだけでは病気を根底から治すことはできません。でも、日々楽しみな食事で、病気に負けない丈夫な体作り、すなわち予防を心がけることは可能です。どうせ食べるなら、健康によいものを食べたほうがいいに決まっています。

口から直接入り、毎日定期的に体内に摂り込まれる食事は、健康と直結しています。大昔の犬のように、狩りをして食物を得るようなことは、現代わんこにはありません。飼い主さんから与えられた食事がすべてです。ある意味、飼い主さんは愛犬にとって家族であると同時に、栄養士でもあるのです。まずは、自分のわんちゃんが、食いしん坊なのか、食が細いのか、皮ふが弱いのか、歯が弱いのか、状態をきちんと把握しましょう。表面上、見えている部分だけではなく、内臓からの黄色サインの場合もあり得るので注意が必要です。

基本の栄養はベースのドッグフードから、そしてサポートとして与えたい栄養をトッピング食材から摂れるよう心がけましょう。毎日の食事で無理なく、食材の持つ健康パワーを摂り入れていくことで、愛犬の健康強化を図ってみてください。

Part 3

病気予防トッピングごはん

犬も、人間と同じように病気になります。
大きな病気になる前に、食事で予防できるなら予防したいもの。
バランスのよいごはんで健康体に！

※各レシピに掲載されている分量は、１日に必要な摂取カロリーの分量です。ごはんは成犬の場合、２～３回に分けて与えてください。
※野菜・果物の場合は、カロリーが少ないため、ドライフードは通常の9割で与えてください。

知っておきたい！

愛犬がかかりやすい病気と予防ごはん

わんちゃんたちがかかりやすい病気に「関節系」「心臓系」「腎臓系」「肝臓系」のものがあります。それぞれの症状と予防ごはんについてご紹介します。

病気の種類はさまざま 毎日のごはんで予防しよう

病気には、もともと持って生まれた先天的なものと、加齢や肥満などさまざまな原因による後天的なものがあります。すでに病気が発症している場合、食事だけで治療を行うことはできませんが、かかりにくい丈夫な体作りのための予防食を取り入れていくことは、決して無意味ではありません。

バランスのよい食事は全般の病気にとって大切ですが、70ページ以降ではわんちゃんがかかりやすい「関節」「心臓」「腎臓」「肝臓」の4つのジャンルについて、それぞれの予防レシピを紹介するので参考にしてみてください。

また、わんちゃんがかかりやすい病気について知っておくことで、普段と違う行動をしたり、いつもと様子が違うと感じたとき、すぐに獣医師に診察してもらうなど、すばやい対応が可能に。愛犬の変化は飼い主にしか分からないことが多いものです。愛犬とコミュニケーションを取って、些細なサインを見逃さないようにしましょう。

犬のかかりやすい病気

関節系の病気

犬に多くみられる四肢の関節炎は、肥満や加齢、無理な関節運動の繰り返しなどによって起こります。膝蓋骨脱臼《しつがいこつだっきゅう》も多く、ヒザの関節の皿が外れてしまう状態で、小型犬によく見られる症状です。どちらも歩き方がおかしい、足を引きずる、片足を浮かせて歩くなど、見た目にわかりやすいのですが、早期では症状が落ち着くことがありますが、進行状況によっては、外科的な手術をする場合もあります。

心臓系の病気

心臓系で多いのは、僧帽弁閉鎖不全《そうぼうべんへいさふぜん》です。原因はよくわかっていませんが、小型犬種で加齢によって発症することが多く、歩きたがらなくなったり、息切れが多くなってくる場合があります。特徴としては夜間に咳が出ることが多く、たとえ無症状であっても、動物病院で心雑音として発見されることも多いです。一般的に薬物療法を中心に行います。その他には、心筋症などの病気も、犬には多く見られます。

腎臓系の病気

高齢犬に多く見られる慢性腎不全は、体内の老廃物の排せつや水分、電解質バランスに異常が生じた状態です。加齢により徐々に進行していきます。水をよく飲み、おしっこの量も増えていきます。点滴や薬物療法、食事療法などによって、腎機能の低下を抑え、症状の悪化を防ぐようにします。急性腎不全は中毒やショック状態などで発症し、尿が作られなくなり、元気が消失し、急速に全身状態が悪化します。

肝臓系の病気

先天的なものもありますが、ウィルスなどの感染や他の病気の影響、腫瘍などさまざま。肝臓は沈黙の臓器と言われるように、ダメージを受けていても症状として表面に出にくいため、異常に気付いたときにはかなり進行している場合も。とくに中高齢期では、日ごろから検査をしておくことが大切。病状が進行すると食欲不振や体重減少、歯ぐきや白目の部分が黄色くなる、いわゆる黄疸《おうだん》が見られたり、おう吐、下痢などが起きます。

病気予防と食事

関節

p.70

軟骨の生成に必要な成分を含んだ食事や、無理のない適切な運動が必要です。老化や肥満によって関節に負担がかかるケースもあるので、その点も重視して。

ごはんについて

抗炎症作用のある魚に豊富なEPAや、ネバネバ食材に含まれるコンドロイチンは関節が滑らかに動くのをサポートしてくれます。

心臓

p.72

心臓への負担を減らすことが大切です。肥満予防はぜひしておきたいこと。水溶性食物繊維はナトリウムの体外排出を促すので、積極的に取り入れて。

ごはんについて

血液の流れをよくするEPAを含む青魚などが効果的。食物繊維が豊富な海藻や野菜も心臓の病気に予防効果があります。

腎臓

p.74

水分補給は大切です。塩分は控えめに、塩分排出の食材を予防ごはんとして取り入れていきましょう。

ごはんについて

利尿作用の多い食材をとり、水分をたくさん与えて十分に塩分を排出するようにしましょう。また、塩分の多い食材は避けること。

肝臓

p.76

肝臓は体の中で再生能力の高い臓器です。ダメージを受けて機能が低下している肝臓の再生を促進し、機能アップに高タンパクを中心とした食事を考えて。

ごはんについて

症状が出にくい肝臓の病気は、予防のためにも良質のタンパク質を摂るとよいでしょう。また、貝類に豊富に含まれるタウリンも効果的。

食事はあくまで予防！　病気になったら病院へ

心臓の病気や腎臓の病気といった大きな病気は、症状が進行していたら食事だけで治すことは難しいので、発症したり、わんちゃんの異変に気付いたら必ず病院に連れて行きましょう。獣医師と相談しながら対応することで食事療法の効果も発揮されます。

また、ごはんは毎日できる予防対策のひとつと考えましょう。バランスのよい食事は病気対策だけでなく、小さな体の不調も予防できます。

愛犬の健康を長続きさせるために、普段からのケアに気を使うといいでしょう。

〈予防〉

01

関節

老犬だけでなく、運動量の多いわんちゃんも関節炎を引き起こす可能性が高くなります。ネバネバ食材パワーと、抗炎症作用のあるEPA食材でサポートしましょう。

関節が炎症を起こすと、足を引きずったり、歩き方がおかしかったり、地面に足がつかないことも。運動量の多い犬はもちろん、老犬や肥満犬も注意が必要です。オクラや山いもなど、ネバネバ食材に多く含まれるコンドロイチンで、関節をサポートしましょう。抗炎症作用のあるEPA食材も効果的です。

とくに摂取したい食材

イワシ

炎症のもととなる物質を取り除くEPAを多く含みます。関節の腫れや痛み緩和に取り入れたい食材。

a

コンドロイチン

材料

	3kg	6kg	10kg
ひきわり納豆	15g	25g	40g
山いも	15g	25g	40g
オクラ	15g	25g	40g

作り方

1 山いもは皮をむいて、すりおろす。
2 オクラはゆでてみじん切りにする。
3 山いもとオクラを納豆と一緒に和える。
4 すべてをドッグフードにのせる。

topping

b

EPA　カルシウム　ケイ素

材料

	3kg	6kg	10kg
イワシ	20g	30g	45g
ホタテ貝柱（缶詰）	10g	25g	33g
片栗粉	少々	少々	少々

作り方

1 イワシは内臓と頭を取り除き、フードプロセッサーにかけてペースト状にし、2cm大に丸めて鍋で煮る。
2 ホタテ貝柱をほぐして鍋に加え、仕上げに水溶き片栗粉を加えてとろみをつける。
3 煮汁と一緒にドッグフードにのせる。

topping

ネバネバ食材の代表
納豆とオクラの
関節強化ごはん

a

満腹感もあって栄養も十分
抗炎症作用のケイ素を摂れる
いわし団子のごはん

b

point

とろみをつけて食欲アップの工夫を。イワシに含まれるEPAやホタテに含まれるケイ素で、関節の炎症を抑えます。

〈 予防 〉

02

心臓

小型犬が老化に伴い、かかりやすいのが心臓疾患です。心臓病のサポートには、果物などで余分な塩分（ナトリウム）を体外に排出し、血圧の上昇を抑える野菜類を活用しましょう。

心臓トラブル予防には、肥満をコントロールすると同時に、次のような食事で予防し、心臓への負担を軽くすることが肝心です。水溶性食物繊維を取り入れ、余分な塩分を体外に排出することはもちろん、心臓負担軽減のために、血圧をコントロールする食材を選び、獣医師さんと相談して行っていきましょう。

とくに摂取したい食材

そば

そばに多く含まれるルチンは、血流の改善や血管を丈夫にする効果があり、心臓病に効果が期待できます。

a

食物繊維

材料

	3kg	6kg	10kg
リンゴ	15g	25g	40g
ミカン	15g	25g	40g

作り方

1 リンゴは皮付き、ミカンは実だけにする。
2 それぞれ食べやすい大きさに切る。
3 すべてをドッグフードにのせる。

Advice　パワーがいっぱいのリンゴは、食物繊維がたっぷり。抗酸化作用も高い食材です。

topping

b

ルチン　アスパラギン酸

材料

	3kg	6kg	10kg
そば	20g	33g	45g
アスパラガス	適量	適量	適量

作り方

1 アスパラガスは食べやすい大きさに切り、柔らかくなるまでゆでる。
2 そばを短く切り、鍋で柔らかめにゆでる。
3 すべてをドッグフードにのせる。

topping

a

食物繊維たっぷり！
わんちゃんが大好きな
果物でお手軽に心臓病予防

point

ルチンは毛細血管を強くする栄養素です。血圧を下げる効果もあります。

b

血管を強くするルチンを
おいしく摂取！
糖尿病予防にも◎

〈 予防 〉

03

腎臓

腎臓は加齢とともに弱くなりがちです。ナトリウムの排せつを促し、水分を多く含む食材を与えましょう。ただし腎不全にかかっている場合は、獣医師さんと相談を。

体内の老廃物を排出する機能がある腎臓。腎臓病予防には、日ごろの食事管理が大切です。適切な水分摂取を心がけましょう。腎臓に負担をかけないために、塩分と血圧のコントロールを行うこともポイントです。予防のためには利尿作用の高い食材や、血圧を抑制する食材を選び、トッピング食として活用してみましょう。

とくに摂取したい食材

グリンピース

血圧を下げる成分が多く含まれており、カロテンやビタミンB1、C、カリウム、食物繊維が豊富。

a

カリウム

材料

	3kg	6kg	10kg
エンドウ豆（グリーンピース缶でも可）	25g	40g	65g

\ topping /

作り方

1 エンドウ豆は柔らかくなるまで鍋でゆでて細かく刻む。

2 ドッグフードにのせる。

Advice ミネラルたっぷりでビタミンB群も豊富。食物繊維が多く、整腸効果も期待できます。

b

カリウム

材料

	3kg	6kg	10kg
スイカ（またはトウガン）	35g	70g	100g

\ topping /

作り方

1 スイカは皮と種を取り除き、食べやすい大きさに切る。

2 ドッグフードにのせる。

Advice 成分の90％は水分です。水分摂取量が少ないコに無理なく水分補給でき、おすすめ。

ヘルシーですぐできる
手間いらずの
トッピングレシピ

a

b

とにかく簡単！
切ってのせるだけの
お手軽予防食

point

小さい犬に食べさせる場合は、のどに詰まらないようスイカの種を取り除いて与えましょう。

〈予防〉

04 肝臓

肝臓は物言わぬ臓器と言われ、症状が出にくいため、日ごろから気をつけたい臓器です。良質のタンパク質で肝機能の再生を図りましょう。

肝臓は日ごろから常にフル回転しているため、ダメージも受けやすいのです。肝臓が疲弊しているときの症状はさまざまですが、肝機能アップには、魚介やとくに貝類に多く含まれるタウリンが効果的です。さらに、肝機能を活性化させるメチオニンを多く含む鶏肉もおすすめ。生活習慣病改善にも役立つ食事です。

とくに摂取したい食材

ターメリック

別名ウコンとも呼ばれ、肝臓からの胆汁分泌促進や抗酸化作用、ガン予防などの働きがあります。

a

タウリン

材料

	3kg	6kg	10kg
シジミ	8g	13g	21g
アサリ	8g	13g	21g

作り方

1 シジミとアサリはそれぞれ塩水で砂抜きをする。

2 鍋で一緒に煮て、アサリは半分の大きさに切る。

3 すべてドッグフードにかける。

Advice アサリの旨み成分であるタウリンは、肝臓機能の向上などの働きがあり、ビタミンB12も豊富。

topping

b

クルクミン　メチオニン

材料

	3kg	6kg	10kg
鶏もも肉	32g	54g	80g
ターメリック	適量	適量	適量
片栗粉	少々	少々	少々

作り方

1 鶏もも肉は細かく切ってゆでる。

2 1にターメリックを加え、水溶き片栗粉でとろみをつける。

3 スープと一緒にドッグフードにのせる。

topping

a

貝の栄養がたっぷり入った
あったかスープで
食欲増進効果も！

ターメリックの風味が
食欲を引き立てる
肝臓にやさしいごはん

b

point

ターメリックはウコンのことです。肝臓のためにはよい香辛料です。

食事で改善！

アレルギーを持つ犬への対処

人間界同様、皮ふ疾患や消化器障害として
多くのわんちゃんたちが悩まされるアレルギー。
食生活での改善について考えてみましょう。

アレルギーは気長に根気よく向き合うことが大切

体内の免疫システムと密接な関わりがあるアレルギー。ただし、ある特定の食べ物を食べることでアレルギーが発生する食物アレルギーの場合、その原因となる食べ物を食べなければ発症することはありませんが、わんちゃんたちの場合、この特定の食物を見極めるのが、非常に難しいのが現状です。

ドッグフードには、さまざまな成分が含まれています。そのため、どんな成分にアレルギー反応をおこしているのか判断しづらいのです。

まずは長期間続けている食事を変えてみることから始めましょう。そこで試していただきたいのが、除去食です。今まで食べたことのないタンパク質に変えることで、アレルギーの原因となる食べ物を探し出す方法です。症状の改善が認められるまで4週間から8週間かかります。そのくらいの期間であれば、栄養バランスは多少無視しても大きな問題にはならないでしょう。ただし、念のために獣医師さんと相談しながら行いましょう。

いずれにしても、一度発症してしまうと気長に根気強く向き合うしかないのがアレルギーです。症状の改善に向けて、専門家と相談しながら、焦らずじっくりと付き合っていく心構えが大切です。

アレルギーを引き起こしやすい食材

牛肉

卵

小麦粉

大豆製品

他にも食物アレルギーを引き起こす原因となる食材は、わんちゃんによってさまざま。問題となる食材の見極めが大切です。

アレルギーを引き起こす原因

食物アレルギーとは、特定の食品を摂取することでアレルギー状態が発生する免疫反応のこと。アレルギーを引き起こす原因となる食品はひとつとは限らず、複数もの食品である場合も。原因となる食品さえ摂らなければ、改善へと向かいます。

アレルギーのあるごはんは
食べさせないでね

おっ、また違う
ヤツだね

原因となる食物を見つけていく方法

除去食とは？

食物アレルギーが疑われた場合、まず動物病院で血液検査を受けましょう。

ただし、仮に検査では陽性であったとしても、それが必ずしも症状に反映するとは限りません。

アレルゲン食材を特定することは難しく、疑われた場合は、専門家と相談しながら、

「食べてはいけない食材」を見つけ、改善を図るのが除去食です。

1 手作り食でトライ！

今まで食べたことのないタンパク質（新奇タンパク）を中心に、炭水化物と野菜・果物をプラスし与えます。ただし、イモ類や小麦などタンパクを多く含む野菜は避けてください。獣医師の指導のもと、適切に行うようにしましょう。

〈 除去食のやり方 〉

例えば……

①主の食材となるタンパク質を肉、魚から2、3種類選んで決めます。今まで食べたことのないタンパク質から選びます。
②同じように、野菜類も炭水化物も各々2、3種類決めます。
③次に、それぞれを組み合わせ、ごはんを作り、それを４～８週間食べさせてみます。
④ここで症状が改善されたら、今までよく与えていた食材をひとつまみ入れ、悪化したらそれが原因食材。もし悪化しなければ、それはセーフ食材です。
⑤このようにして、ひとつひとつ、これだけは食べてはいけない食材を見つけていきましょう。

2 ドッグフードでトライ！

食物アレルギーによる皮ふ疾患のわんこ用に特別に調整された療法食ドッグフードを使います。食物アレルギーの原因となりにくい、ダックやナマズ、タピオカなど（※）、今まで食べたことのないタンパク質の療法食（ドッグフード）や低分子タンパクと水だけで４～８週間様子を見ます。獣医師の指導のもと、適切に行うようにしましょう。

〈 除去食のやり方 〉

例えば……

①獣医師の指示のもと、アレルギー疾患のわんちゃん用に開発された療法食を４～８週間、与えます。
②ここで症状が改善されたら、今までよく与えていたドッグフードをひとつまみ入れ、悪化したら、そのドッグフードの中に入っているものが原因です。
③次に、原因を引き起こしたドッグフードの原材料を調べ、ひとつずつセーフ食材を探し出すことで、アレルギーを引き起こす原因食材を見つけていきます。

※使われすぎて現在では新奇タンパクではなくなっていることも。獣医師とよく相談しましょう。

column

寿命を延ばすということ

愛犬には、健康で長生きして欲しいというのは、飼い主さんたちの共通の想いです。実際、昔に比べて獣医療の進歩や住環境の改善、食生活の向上により、わんちゃんたちの寿命は格段に延びています。とはいっても、人間の寿命と比べるとあまりに短すぎるのも事実です。

欧米では近年、「寿命（ライフ・スパン）」に対して、「健康寿命（ヘルス・スパン）」という言葉が盛んに使われています。この「ヘルス・スパン」、ただ長生きするのではなく、「健康に、そのコらしく生活できる期間を少しでも長くしたい」との意味があり、ヘルス・スパンをライフ・スパンに近づけていくことがとても重要とされています。

では、どんな状態が健康なのでしょうか。世界保健機構（WHO）は健康の概念を「身体的、精神的、社会的に完全によい状態であり、単に病気や病弱でないことではない」と定義づけています。これは犬にも当てはまります。「寿命を延ばす」と言うと、長生きすることと思われがちですが、歳を取っても愛犬がストレスを感じず、安定した精神状態で、安心して暮らせる毎日こそ、大切なのではないでしょうか。そしてさまざまな病気に負けない丈夫な体作りをするために、そのサポートとしてトッピングごはんを活用してみてください。

Part 4

わんちゃんのための健康管理

わんちゃんのためにできることは、食事だけではありません。
日々の健康管理も欠かせないことのひとつです。
どんなケアがあるか知っておきましょう。

食事の見直しとともにしておきたい

愛犬の健康チェック

健康で丈夫な体作りや体質改善は、食生活だけではなく、
普段どうなのかが肝心。さぁ、あなたのわんちゃんをチェックしてみましょう。

愛犬の健康状態を
日々チェックしよう！

- [ ] check 1 **体重**
慢性的な体重オーバーや急激な体重の増減は問題かも!?

- [ ] check 2 **各部位**
体のパーツごとに、健康が保てているか日々観察しましょう。

- [ ] check 3 **皮ふ・毛ヅヤ**
表面的な問題だけではなく、脱水や内臓疾患の恐れも!?

- [ ] check 4 **行動**
元気いっぱい健康に日常を過ごせているか読み取りましょう。

- [ ] check 5 **排せつ**
毎日の排せつ物は、健康のバロメーター。しっかり観察を。

日常の問題を把握し 目指せ！健康&長生き生活

食事について見直すことは大切ですが、同時にきちんと健康チェックをしておきましょう。いま、愛犬がどういった問題を抱えているのかチェックするとともに、食生活を変えたことによりどんな変化があらわれるのかよく観察することが大切です。

昔の犬と異なり狩猟をしない現代わんこにとって、飼い主から与えられた食事がすべて。それと同様に、日々愛犬を観察することで、健康を保てているか、または何か問題となるサインがあらわれていないか早期に把握できるのは飼い主さんだけです。健康生活を目指して、早速チェックしてみて。

もし気になる点を
見つけたら相談を！

愛犬の日常のちょっとした変化に気付くことができるのは、いつもそばにいる飼い主さんをおいて他にいません。健康な生活を保つには、日々の観察こそが大切。わんちゃんの体や行動にあらわれるサインを見逃さないようにしましょう。またもし気になることがあれば、獣医師さんに相談を。病気の早期発見につながる場合もあります。

健康に直結する日々の食事！
＋健康チェックで
ハッピー生活を目指そう！

check 1

体重

ぽっちゃりしてかわいいは危険！

体重オーバーは、体の小さなわんちゃんたちにとっては大問題。小型犬では、体重の増減を100g単位でしっかり管理していく必要があります。愛犬の理想体重を把握し、定期的に体重を測る習慣をつけましょう。

人間の赤ちゃん用の体重計は犬にもおすすめ

細かい単位で体重を見ていかなければならない小型犬の場合、人間の赤ちゃん用の体重計が便利。100g単位のものもあるので、正しい体重把握におすすめです。

〈 小型犬の測り方 〉

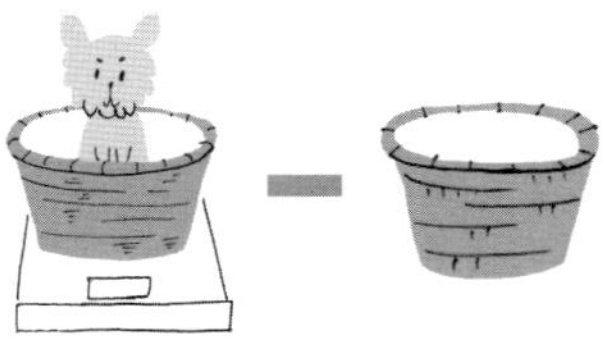

カゴやハードキャリーバッグにわんちゃんを入れ、それごと体重計にのせて測り、あとでカゴなどの重さを引けばOK。

〈 大型犬の測り方 〉

わんちゃんを抱えられるなら、抱えたまま人間と一緒に測り、あとで人間の体重を引けば、愛犬の体重がわかります。

肥満犬の弊害を知ろう！

肥満は万病のもと！ 理想体重をキープしたい

肥満になると、さまざまな病気のリスクが高まりがちです。ただ問題なのは、「コロッとしてかわいい」など、愛犬の太り過ぎを認めない、または気にしない飼い主さんたちの意識にあります。とくに老犬になり新陳代謝が落ちているのに同じカロリー量を与えていれば、確実に太ります。健康のためにも理想の体重維持に努めましょう。

［肥満がおよぼす体への影響］

関節炎／呼吸困難／高血圧／心臓血管系疾患（うっ血性心不全など）／肝機能低下／繁殖能力の低下／難産／熱不耐性（暑さに弱くなる）／運動不耐性／皮ふ病の増加／腫瘍の増加／手術の危険率の増加／免疫機能低下／内分泌障害（副腎皮質機能亢進症、甲状腺機能低下症）／糖尿病／消化機能障害（便秘、潰瘍などの増加）

check 2
各部位

遊びタイムに
体を触りながら確認を

体調が悪くなると、体のさまざまな場所に変化があらわれてきます。体の各パーツのみの問題のこともありますが、目に見えない内臓機能が衰えているケースも。愛犬に負担をかけないよう、遊びタイムの延長で各部位を確認していきましょう。

目

目やにがたくさん出ていないか、目が充血していないか、黒目が白く濁っていないかをチェック。ひどい涙ヤケは、食事が合っていない可能性も。

耳

耳の中がきれいか、臭くないかチェックしましょう。とくに垂れ耳のわんちゃんは立ち耳の犬より耳の中がムレて臭くなる場合も。定期的な耳そうじを。

鼻

鼻が乾燥していないか、くしゃみを続けてしていないかをチェック。わんちゃんの鼻が乾いているのは、体調不良のサインかも!? 病院で相談を。

口・歯

強い口臭がないか、歯ぐきがはれていないか、歯ぐきが健康的な色か、歯ぐきから出血がないか、歯がグラついていないか確認を。歯みがき習慣も大切。

腹部

おなかが張っていないか、皮ふは健康的な色合いをしているか、発疹などはないか、しこりやできものなどがないかをチェックしましょう。

check 3
皮ふ・毛ヅヤ

内臓に問題を抱えている場合も

皮ふや毛ヅヤのトラブルは単に体表の問題だけでなく、内臓トラブルなどのサインという場合もあり得ます。愛犬の皮ふや毛に急な変化が見られたら、問題が深刻化しないうちに、獣医師さんに相談しましょう。

- □ 毛ヅヤはよいか？
- □ 大量の抜け毛はないか？
- □ フケが多く出ないか？
- □ 皮ふをかゆがっていないか？
- □ 発疹などがないか？

check 4
行動

変わったことはないかチェック！

いつもは元気なのにぐったりして動かなかったり、歩くときに足をひきずっていたりなど、いつもと変わった様子がないか、常日ごろから観察を。場合によりますが、1、2日経ってもそのままなら、獣医師さんに相談しましょう。

- □ ぐったりしているときが多くないか？
- □ 息づかいが荒くないか？
- □ 歩き方がおかしくないか？
- □ 落ち着きがなかったり、
  普段と違った動きをしていないか？

check 5

排せつ

健康状態を知る貴重なアイテム

便がゆるかったり粘膜や血液が混ざっていたり、食材が未消化で出てきたら、腸内環境に問題があるのかも。おしっこの色合いや回数にも注意を。排せつ物は、現在の愛犬の健康状態を知る貴重な手がかりとなるので、よく観察を。

〈 うんちチェック 〉

- □ 1日の回数は？
- □ どんな形？
- □ どんな色？
- □ ニオイは？
- □ 未消化物がないか？

よいうんちは　コロコロではなく、柔らかすぎず、トイレシートにつくかつかないか程度の固さでバナナ形。

〈 おしっこチェック 〉

- □ 1日の回数は？
※おしっことマーキングは、成分は同じですが、わんちゃんにとっては別ものです。おしっこ回数を正しくチェックしてみて
- □ 色が薄い？　濃い？
- □ 量が多い？　少ない？
- □ ニオイはどうか？

よいおしっこは　薄い黄色が理想。血が混じったような赤色や、黄褐色の場合は、問題があるかもしれません。

トイレシートでの排せつは、早期発見に！

マナーの点からだけでなく、土やアスファルト上ではなく、いつものトイレシートでの排せつならば、色や量など微妙な変化も見逃すことはありません。

食事でとくにチェックしておこう

1／食べる量の変化

食べ残しなどの食ムラがないか、急に食が細くなったり、逆に食事欲求が異常に出てきたりしないか確認。

2／食べたあとの様子

食べる量だけでなく、食べたあとも大切。食後にえづいたり、食べた物を吐き出したりしていないか確認を。

3／排せつの変化

毎日必ず行う排せつ。その量や回数、排せつ物の色やニオイに変化はあるかチェックしてみましょう。

4／愛犬の体調

元気がなかったり、ぐったりしていることが多くなっていないか、どこか痛がってはいないか確認を。

タイプ別

食事＆日常ケアのポイント

子犬や老犬などの世代差や、食の細いコ、肥満のコなど体質によっても
気をつけたいポイントは千差万別。食だけでなく暮らしのケアも合わせてどうぞ。

子犬

＼ 食事の注意点 ／

**発育を促す多種多様な栄養を
バランスよく摂る**

最も重要なのは、タンパク質・カルシウムです。体を作る基本となる栄養素で、育ち盛りの子犬には欠かせません。骨や歯を強化する小魚や大豆食品を、しっかり毎日の食事に取り入れていきましょう。

＼ 日常ケアについて ／

**適度な運動で
筋肉や骨の強化を**

しっかり食べて適度な運動、そして十分な睡眠を取ることが子犬の仕事です。家に来た当初は、飼い主さんたちのテンションも上がりがち。遊ばせすぎないように配慮し、十分な睡眠時間の確保を。

成犬

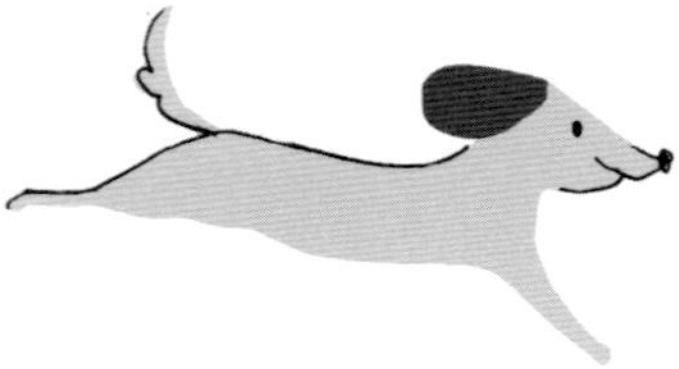

＼ 食事の注意点 ／

**健康寿命を延ばすためには
成犬時の食生活が肝心**

健康維持のために、タンパク質、ビタミン、ミネラルなど、すべての栄養素をバランスよく摂ることが大切です。好き嫌いが出てくるのもこの時期ですが、いろんな食材を取り入れて好き嫌いを克服しましょう。

＼ 日常ケアについて ／

**若いときこそ運動で鍛え
丈夫な体作りを**

成犬の時期は元気があって問題が起こりにくいときです。若々しい成犬期にこそ、体をきたえ、丈夫な体作りをしておきます。心身ともに充実し、健康な時期なので、思う存分遊ばせて体力をつけましょう。

老犬

＼ 食事の注意点 ／

**高齢になると急増する病気
事前に予防食を取り入れよう**

歳を取ると、腎臓病や白内障などの病気が急増します。すでに重篤な状態になってからでは遅すぎます。できれば成犬期後半からアンチエイジングや免疫力向上を心がけ、丈夫な体作りを目指しましょう。

＼ 日常ケアについて ／

**年に1度の健康診断と
神経質に老犬扱いしないこと**

どんなに元気に見えても、年に1回から2回の健康診断は受けておきましょう。また高齢だからと老犬扱いするのは、逆効果。遊びや運動は無理のない範囲で行い、のんびりと過ごさせましょう。

食事の注意点

食ムラは体調が悪いのか どうかの見極めを

食欲増進のための香り付けなどの工夫が効果的。ただし急に食が細くなった場合には注意が必要。獣医師さんに相談しましょう。

日常ケアについて

強くて丈夫な体を 手に入れよう

適度な運動は、食事がおいしくなる最良のスパイスです。丈夫な体作りのためにも、ムリのない程度を毎日続けましょう。

食の細い犬

おなかが弱い犬

食事の注意点

腸内環境の改善と 免疫力アップを実践しよう

腸内環境のバランスを整えることが大切。抗酸化作用の働きのある食材を取り入れ、免疫力アップを心がけましょう。

日常ケアについて

水分摂取や食事回数を 多くするようにしよう

胃腸に負担をかけないよう、水分や食事は小分けにし、回数を増やしましょう。水のガブ飲みをさせないことも大切です。

食事の注意点

摂取カロリーと消費カロリー バランスを考えた食生活を

ローカロリー食材を活用し、量は減らさずカロリーを少なくしたメニューを与えましょう。小分けにして与えるのがおすすめ。

日常ケアについて

体と相談しながら 運動にチャレンジしてみよう

筋肉量を維持した減量には、運動が不可欠です。愛犬の様子を見ながら、がんばって運動を取り入れていきましょう。

肥満気味の犬

運動量の多い犬

食事の注意点

筋肉をサポートし スタミナ重視

運動での消費量が多いため、高カロリーかつ筋肉を育てる肉や魚を中心としたトッピング食材を活用しましょう。

日常ケアについて

筋肉や体の疲弊に 血行をよくするマッサージ

人間同様、激しい運動などでダメージを受けた体に効果的です。遊びの延長で体に触るときに取り入れてみるのもいいでしょう。

食事の注意点

元気な子犬のために 母親には十分な栄養を

体の主成分として不可欠なタンパク質やカルシウム、ビタミンやミネラル豊富な野菜や海藻類も積極的に取り入れましょう。

日常ケアについて

特別扱いはせず ストレスを与えないよう配慮

胎内に子どもがいる大切な時期、と必要以上にかまいすぎる傾向に。特別扱いはしないで、普段通りの生活を心がけましょう。

妊娠中の犬

生涯を通して長生きのために

やってあげたい3つのポイント！

愛犬に健康で長生きして欲しいという思いは飼い主さん共通のもの。
暮らしの中で、愛犬が長生きするためにしてあげられることとは？

快適に、そして健康に命を延ばすために

人間社会で暮らすわんちゃんたちは、人間たちに囲まれ、人間界のルールにそって生きていかなければなりません。そのため、過度のストレスにさらされることも。健康に過ごすということは、暮らし自体が楽しく快適なことが重要です。日常生活での不安や恐れを経験によって払拭する社会性を、ぜひ身につけておきましょう。愛犬にとってストレスとなる原因を見極め、できるだけ負担を与えない工夫も大切です。身体面では、健康維持のために太らせないことが重要です。心身ともに健康な生活を送ることが、長寿への道へと続いていくのです。

長生きのために若いころから実践！

高齢になってから、社会性を身につけさせたりダイエットをさせるのは労力がいります。子犬も成犬も今から始めましょう。

point 1

社会性を身につけさせる

人間社会で暮らすうえで、さまざまな状況に順応できるようにしておくことは、とても大切。愛犬の負担も減ります。

point 2

ストレスをなるべく与えない

人間よりはるかに優れた聴覚や嗅覚を持つ犬たちの特性を踏まえ、なるべくストレスを与えない環境作りが大切です。

point 3

太らせない

肥満は百害あって一利なし。さまざまな病気を引き起こすリスクが高くなる肥満は、改善するよう心がけましょう。

point 1 社会性を身につけさせる

わんちゃんたちにとって
コミュニケーションは大切！

一歩外に出かければ、他のわんちゃんや知らない人にも出会います。家族がみんなお出かけして、ひとりでお留守番をすることもあるでしょう。さまざまな体験を嫌なことではなく、普通のこと、うれしい、楽しいと感じられるようにしたいもの。社会性とは、日常起こりえるさまざまな状況に対し、順応できる力を身につけること。人間社会に適応し、不安や恐れのないわんちゃんを目指しましょう。

コミュニケーションチェック！

- □ 飼い主さん以外の人間も好き
- □ 他のわんちゃんと楽しく遊べている
- □ 独りで快適なお留守番ができる
- □ 知らない場所に出かけても楽しめる
- □ 人間社会でのマナーが身についている

社会性を
身につけるためには！

子犬のころから、パピーパーティなどに参加させ、他のわんちゃんや飼い主さん以外の人間と接する機会を与えてあげましょう。そのとき、飼い主さんが愛犬に「大丈夫。そばにいるよ」と安心感を与えてあげるのが、最も効果的です。

お散歩でいろんなことを
体験させてあげよう

自分のテリトリー外の屋外でのお散歩は、わんちゃんにとってまさに未知のゾーン。知らない人間や知らない犬、車に自転車、風や雨。お家の中では経験できないさまざまな状況を教えてあげられる絶好の機会です。初めは怖がったり不安になるかも知れませんが、愛犬の背など体の一部を触りながら、「大丈夫だよ！」と声をかけ、安心させてあげましょう。

成犬になっても
あきらめないで！

いくつになっても社会性は身につけられますが、始める年齢と同じくらい時間がかかるとも言われています。子犬のころに始めるのが、最も効果的ですが、成犬になってもあきらめないで挑戦を。

point 2 ストレスをなるべく与えない

現代社会はストレスがいっぱい！ わんちゃん目線で考えよう

ストレスとは刺激のこと。愛犬のためにと飼い主さんが考えてしたことが、実は愛犬にとってストレスになる場合もあります。新しく家族に参入してきた同居犬の存在や、あまり社会性が身についていないのにドッグランに入れたりするなど。まったくストレスのない状況はあり得ませんが、愛犬目線に立ち、なるべくストレスを与えないようにすることが大切です。

ストレスチェック！

- □ 最近、同居犬を迎えている
- □ 引っ越しや家具配置を変えた
- □ わんちゃんの寝床は静かな場所？
- □ 長時間、ひとりでのお留守番ができない
- □ 慢性疾患などで長く投薬している

ストレスの要因や症状例

〈 ストレスの要因 〉

身体的なストレス	病気やケガ、痛みなどにより抵抗力、免疫力が低下。生体機能が低下。
精神的なストレス	おおらか・神経質など、生まれ持った性格によることが大きい。愛犬心理を無視した社会化トレーニング。
環境によるストレス	暑さ、寒さ。湿度や気候、騒音、引っ越しによる環境の変化、新たに迎えた同居犬の存在などいろいろ。

ストレスをなるべく与えないためには！

まず、安心して落ち着ける場所を与えてあげましょう。できれば、室内飼いがおすすめ。去勢避妊手術することで、異性間のストレスが少なくなります。なるべくストレスを与えないためにも、飼い主さんとの適切なまじわりを実践しましょう。

〈 ストレス状態とは？ 〉

- 吠える
- 排せつ行動が変化する
- 息が荒くなる
- 足の裏に汗をかく
- 脱毛しフケが出る
- よだれが出る
- 震える
- 下痢する
- 自分のしっぽを追う
- 攻撃性があらわれる
- 落ち着きがなくなる
- 体をかく
- 物をかじる
- 物事に対し過剰反応する
- 自分の体を咬む

参考文献／トゥリッド・ルーガス『犬語の世界へようこそ！』

point 3 太らせない

肥満は万病のもと
太らせないよう飼い主さんが管理しよう

太ることは人間同様、さまざまな病気へのリスクが高まります。健康で長生きを目指すならば、適正体重に近づけ、体の負担をなくすことが重要です。といって無理に食事量を減らすのでは、かえって食事欲求が高まってしまいがちです。量はいままでと同じ程度、でもカロリーは低めを意識し、低カロリー食材を使ったトッピングごはんを大いに活用してみましょう。

飼い主さんが陥りやすいカン違い

- □ 犬は多少コロコロしてるくらいがかわいい
- □ 理想体重よりは重いがうちのコは太っていない
- □ 食事は最大の楽しみだから節制したくない
- □ 1kgくらい重くても気にしない
- □ 体調が良好ならば多少食べ過ぎてもいいと思う

肉付きチェックポイント

首のうしろ

脂肪が段々になって盛り上がっていたら要注意！

しっぽの付け根

おすわりすると付け根の皮ふが盛り上がるのはダメ！

アゴのたるみ

アゴからのどへのラインがタプタプたるんでいたら残念！

ウエストのくびれ

胸から脚の付け根のラインが地面と平行ならアウト！

愛犬を肥満犬にさせないためには！

まずは愛犬の体重を把握し、オーバーしすぎなら、毎日のカロリーに気をつけます。食事は、小分けにして与えましょう。散歩のあとなど運動後に与えるのも、吸収率がにぶるのでおすすめです。筋肉量の落ちないダイエットが重要なので、愛犬の様子を見ながら、十分な運動を心がけましょう。

年に1回の健康診断を心がけよう

犬は人間の約4～7倍のスピードで成長します。年に1度の健康診断も、犬の生涯スピードから考えると、年4回が妥当かも!? 定期的に動物病院で体重チェックしたり、年に1度は健康診断を受けましょう。

知っておこう！

素朴な疑問Q＆A

トッピングごはんに細かい制約はありません。
でも試すにあたってちょっと気になる、そんな疑問にお答えします。

Q トッピング食材で果物の果糖って大丈夫？

A 果物はビタミンやミネラルが豊富でおすすめ

生活習慣病を引き起こす食べ物と誤解されがちですが、あまりカロリーは高くなく問題ありません(※)。果物はビタミンやミネラルも豊富で、利尿作用を持つものもあるので、活用したい食材です。

(※) ドライフルーツは高カロリーなので注意が必要です。

Q 完全栄養食のドッグフードにプラスでは、太るのでは？

A 1回の食事のトータルカロリーは変えないで

低カロリーの野菜や、高カロリーの肉類。加えるトッピング食材のカロリーによって、ベースのドッグフードの量を調節し、1回の食事のトータルカロリーを変えないのが基本です。通常の80％を目安に食材によって増減させましょう。

Q 食ムラがあるのをトッピングごはんで改善できますか？

A もちろん可能！ぜひ、試してあげてください

食ムラがあるわんちゃんの場合、もともと食が細く、十分な栄養が摂れているかが心配です。胃腸に負担をかけず、栄養をしっかり消化吸収できるメニューを、試してあげてください。
(→p.48～「食が細い」レシピ参照)

Q トッピングの食材のみ食べてドッグフードを残します……。

A トッピング食材とフードをよく混ぜて与えましょう

おいしいトッピング食材に味をしめ、それのみを拾い食いしてしまうときは、食材とドッグフードをよく混ぜて与えれば問題解決です。おいしい食材が出てくるまでフードを食べない根比べ犬の場合は、食べ残したら下げてしまいましょう。

Q 同じタンパク質でも鶏肉、牛肉、魚、どれがいい？

A それぞれの特性を見て愛犬に合ったものを

タンパク質を豊富に含む肉や魚は、それぞれ含まれる栄養によって効果は違ってきます。また同じ鶏肉でも、ささみは最も低脂肪、レバーはビタミンＡや鉄分が豊富など、部位によっても違います。愛犬に合ったものを選びましょう。

Q トッピングごはんには穀物は必要ないの？

A 与えても与えなくてもどちらでもOK

ベースとなるドッグフードには、すでに十分な炭水化物が含まれているため、完全手作り食のように、あえて穀物をプラスする必要は基本ありません。ただ与えてはいけないものでもないので、気分によって利用してみてもいいでしょう。

Q トッピングごはんで下痢をすることはありますか？

A 初めて味わう食材に胃腸が過敏になることも

わんちゃんたちの場合、中にはいままで食べたことのない食材に体が過剰反応してしまい、おなかがゆるくなってしまうわんちゃんも。未体験食材は消化がスムーズになるよう調理法を工夫し、少しずつ様子を見ながら与えましょう。

Q スープ仕立てだと水分が多くなりすぎるのでは？

A 嗜好性が高まり、無理なく水分補給が可能

ドライフードを食べているわんちゃんたちは、水分不足の懸念も。煮汁ごと使用するスープ仕立ては、嗜好性がアップし、無理なく水分補給可能なうえ、煮汁に溶け込んだ栄養も摂れるおすすめメニューです。

Q 鶏肉の骨以外の他の骨なら与えても大丈夫ですか？

A 大丈夫ですが、細かくして与えるなど工夫を

加熱した鶏の骨は、割れた先端が鋭利で内臓を傷つける心配のあるNG食。でも牛や羊は問題がないようです。ただあえて危険を冒してまでそのまま与える必要はなく、フードプロセッサーで細かくして与えてみて。

Q 野菜は犬には必要ないという話も聞きますが？

A いろいろな説があるけれどやっぱり摂りたい食材

犬は肉食系より雑食動物のため、肉などに比べ野菜を消化するのが苦手。そのため必要ないといった意見もあるようですが、繊維質が豊富でヘルシー。野菜が持つビタミンやミネラルは、やっぱりわんちゃんの健康維持には◎。

Q おやつはいつも通りに与えてもいいの？

A おやつを与えたいならフードの量を減らそう

ドッグフードのみを与えるときと、考え方は同じ。おやつを与えたいなら、その分のカロリー量に相当する分をドッグフードから引きます。1日の摂取カロリーがオーバーしないよう、考えながら与えるようにしましょう。

Q 生肉は聞くけど、魚を生で与えるのはどうなの？

A 人間が生で食べられるほど新鮮なら問題なし

衛生面を考えると、肉であれ魚であれ、人間が生で食べられるほど新鮮なものであれば、犬に与えても何の問題もありません。ただし鮮度が落ちた魚を食べると、ヒスタミン中毒になる場合もあるので、加熱したほうが無難でしょう。

Q ドッグフードは、ローテーションしたほうがいいの？

A 同じタンパク質ばかりでなく、いろいろ変えよう

同じタンパク質を長期にわたって取り続けるより、一定期間ごとに変えていく方がいいでしょう。最近のドッグフードは栄養がきちんと摂れるので心配はありませんが、いろいろな食材を摂ることが大切です。

Q 手作り食のようにトッピングごはんには油分は必要ないの？

A 十分だけれど、場合によってはプラスして

トッピングごはんは、ベースとなるフードにすでに油分が含まれているので、必ずプラスする必要はありません。でも良質の油は皮ふのサポートや抗酸化作用によいので与えるのは◎。良質な脂質や新鮮な脂肪酸を取り入れましょう。

Q 大型犬と小型犬で、与える量以外で注意することは？

A とくにありませんが、運動量に合わせて

体のサイズが違うからといって、とくに基本は何も変わりません。ただし、運動が大好きなわんちゃんは大型犬に多く、筋肉を強化する栄養を積極的に摂取した方がよいなどの違いはあります。サイズではなく、タイプ別に考えましょう。

Q トッピングごはんにサプリメントを加えるのはどうなの？

A 与えてもOKですが、過剰摂取には気を付けて

関節によいコンドロイチンなど、サプリメントは与えてもOKです。ただし与える場合、過剰摂取が問題となる脂溶性ビタミンであるビタミンA、D、E、Kなどは、注意が必要。専門家に相談しながら、そのコに合ったものを適切に与えて。

Q やっぱり手作り食のほうがよいのでは？

A 目に見える安全性を取るかお手軽を取るかです

与える食事の成分をすべて把握できる安心感が手作り食にはありますが、手間ひまかかるのも事実。土台となる栄養についてはドッグフードにまかせ、プラスしたい栄養を食材から選び与えるかは、考え方次第かと思います。

Q 旅行先によいトッピングごはんってありますか？

A 乾物を粉砕して作る自家製ふりかけはおすすめ

お出かけ先でもトッピングしたいなら、保存性があって持ち運びに便利でお手軽なふりかけはいかがでしょうか。じゃこと乾燥わかめを、フードプロセッサーで粉砕すればでき上がり。旅先での食事タイムに、さっとかけて与えましょう。

Q うちのコに合った食事って？

A 愛犬の毎日の様子を見てそのコ流にアレンジを

犬が1頭1頭違うように、わんちゃんの健康や個性、嗜好性などもまったく異なります。合っている食事とは、与えられたごはんをしっかり食べ、元気よく生き生きと生活できているかどうかです。自分流にアレンジするのも構いません。

Q トッピングごはんに変えたら、ずっと続けるべき？

A いつ始めてもいつ止めてもOK！

途中で止めて、また始めてもOK。ずっと続けるなどの制約がないのがトッピングごはんのいいところです。難しく考えず、手軽に始めることで、愛犬が必要とするものは何かを考え、愛犬と向き合うことこそが重要なのです。

さぁ、疑問が解決したら
さっそく試してみよう！

監修
小林豊和（グラース動物病院 統括院長）

1963年生まれ。日本大学大学院獣医学研究科修了。都内の大学病院で研修ののち、東京都杉並区にグラース動物病院を開設。動物たちの「ヘルス・スパン」を「ライフ・スパン（寿命）」に近づける医療をモットーに、飼い主と犬のよき相談相手となるホームドクターを目指した獣医療を実践している。

グラース動物病院：東京都杉並区荻窪5-4-9
https://grace-ah.com

デザイン	棟保雅子
撮影	柴田愛子
料理	小菅貴子
料理アシスタント	三科恵美
イラスト	やのひろこ
編集協力	藤木里美（オフィスタルタラ）
編集	吉良亜希子（スタジオポルト） 平井典枝（文化出版局）
モデル犬	澤田ロッシィ　澤田ウノ　朝月セナ　武本ラテ 小林クリリン　村松パフェ　村松アリス　岡崎りん

ドライフードにちょい足しで手軽に健康！
愛犬のためのかんたんトッピングごはん
文化出版局編

2012年10月7日　第1刷発行
2024年2月1日　第5刷発行
発行者　清木孝悦
発行所　学校法人文化学園 文化出版局
〒151-8524　東京都渋谷区代々木3-22-1
tel.03-3299-2489（編集）
tel.03-3299-2540（営業）
印刷・製本所　株式会社千代田プリントメディア

文化出版局のホームページ　https://books.bunka.ac.jp/